내일 아침, 99℃

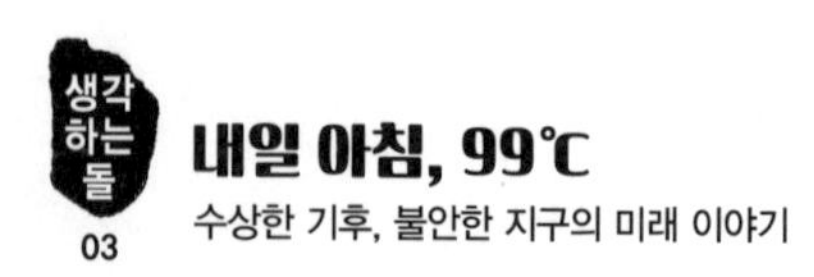

롤란트 크나우어 · 케르스틴 피어링 지음 | 유디트 드레브스 그림 | 강혜경 옮김

2016년 6월 13일 초판 1쇄 발행
2018년 1월 29일 초판 3쇄 발행

펴낸이 한철희 | 펴낸곳 돌베개 | 등록 1979년 8월 25일 제406-2003-000018호
주소 (10881) 경기도 파주시 회동길 77-20 (문발동)
전화 (031) 955-5020 | 팩스 (031) 955-5050
홈페이지 www.dolbegae.co.kr | 전자우편 book@dolbegae.co.kr
블로그 imdol79.blog.me | 트위터 @dolbegae79 | 페이스북 /dolbegae

주간 김수한 | 책임편집 권영민 | 표지 및 본문 디자인 이새미
마케팅 심찬식 · 고운성 · 조원형 | 제작 · 관리 윤국중 · 이수민 | 인쇄 · 제본 상지사 P&B

ISBN 978-89-7199-559-4 44450
ISBN 978-89-7199-452-8 (세트)

책값은 뒤표지에 있습니다.

이 도서의 국립중앙도서관 출판예정도서목록(CIP)은 서지정보유통지원시스템 홈페이지
(http://seoji.nl.go.kr)와 국가자료공동목록시스템(http://www.nl.go.kr/kolisnet)에서
이용하실 수 있습니다. (CIP제어번호: CIP2016009349)

내일 아침, 99℃

수상한 기후, 불안한 지구의 미래 이야기

롤란트 크나우어 · 케르스틴 피어링 지음
유디트 드레브스 그림 ★ 강혜경 옮김

날씨에 대한 속설

예로부터 농부는 날씨에 가장 많이 좌지우지되는 사람들 중 하나였다. 그래서 늘 해와 비, 바람, 추위를 되도록 정확히 예측하고자 했다. 부모는 경험에서 우러난 날씨 지식을 자식들에게 전수해 주었고, 세월이 흘러 농가에는 날씨 변화에 관한 많은 지식이 쌓이게 되었다. 이 속설들 중 일부는 오늘날 기상학자들의 예보에 자양분이 되었다. 하지만 "살다 보니 해가 서쪽에서 뜨겠구나." 같은 우스갯소리는 물론 이런 법칙에 속하지 않는다.

일러두기

1. 인명이나 지명은 '외래어 표기법'을 따르되, 경우에 따라 일반적으로 널리 쓰이는 표기를 사용했다.
2. 수치 자료로서의 성격이 큰 숫자는 읽는 방법과 관계없이 되도록 아라비아 숫자로 표기했다.
3. 이 책에 실린 '주'는 모두 옮긴이와 편집자가 붙였다. 글씨 크기를 줄이고 색깔을 넣어서 본문과 구분했다.
4. 문화적인 차이로 인해 이해하기 힘든 일부 내용은 지은이의 의도를 왜곡하지 않는 선에서 다듬었다.
   1, 3, 6장 끝에 실린 한국 사례는 편집 과정에서 새롭게 추가한 내용이다.

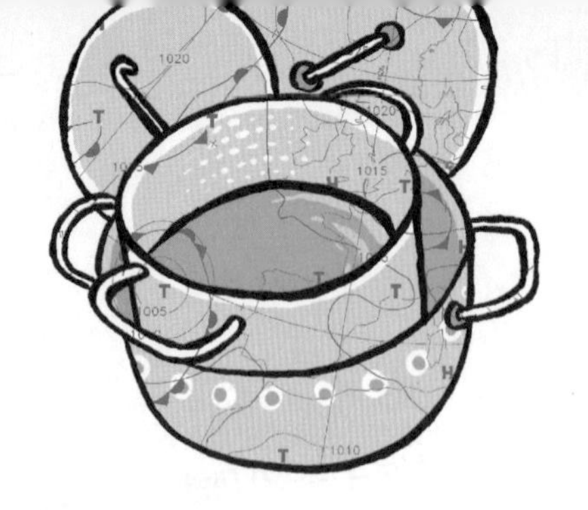

식사 전 따끈따끈한 수프

석기 시대 어느 느지막한 오전. 친구와 사냥을 나온 한 남자의 머리 위로 뜨거운 태양이 내리쬔다. 그러다가 불현듯 구름이 연기처럼 피어오르자, 사냥꾼이 투덜거린다.

"소나기가 올 모양이군. 돌아가는 게 낫겠어!"

석기 시대 날씨 예언가의 예상은 적중한다. 남자들이 땀에 흠뻑 젖어 숙소에 도착하자마자 하늘이 세찬 물줄기를 뿌려 댄 것이다. 시꺼먼 구름 덩어리 뒤로, 마치 신들이 무시무시한 결투를 벌이는 것처럼 불꽃이 튀고 콰광 소리가 난다. 사냥꾼들은 우르릉 쾅쾅 하는 굉음에서 치열한 전투 장면을 떠올린다.

오늘날 기상학자들은 뇌우의 원인을 다르게 설명하지만, 수만 년 전에 살았던 매머드 사냥꾼들도 뇌우가 주는 경고를 정확하게 알아들었다. 전기가 구름에서 땅으로 방전된 것이든, 신들이 천둥 번개를 일으키며 무기를 휘두르기 때문이든, 석기 시대 사람들에게 중요한 건 오직 하나, 이 상황이 위험하며 심지어 목숨을 잃을 수도 있다는 것이었다.

뇌우가 주는 경고를 얌전히 받아들이는 한, 남자는 매머드 고기가 불 위에서 지글지글 타오르는 동굴 속에서 가족과 함께 편안히 지낼 수 있었다. 아내는 뼈로 만든 바늘로 남편의 털옷을 만들고, 남편은 다음 사냥을 위해 돌창을 불에 달궜다.

석기 시대 사람들은 아무도 동굴 속 모닥불이 기후에 영향을 준다는 사실을 알지 못했다. 사냥꾼들은 오래전부터 그곳에서 살아왔으며, 동굴 근처 숲은 그들이 땔감을 채취해 모닥불로 태워 없애 버리는 바람에 점차 사라졌다. 예전에는 아주 더운 한여름에도 주변 숲이 비교적 시원했다. 그러나 지금은 태양빛이 훨씬 더 강렬해졌다. 그 때문에 사람들만 땀으로 목욕하는 것이 아니라, 뜨거워진 공기가 위로 상승하면서 뇌우가 더 자주 만들어졌다. 따라서 석기 시대 사람들의 거주지 위로 천둥은 더 크게 우르르 쾅쾅거렸을 것이고, 번개도 더 강하게 번쩍거렸을 것이다.

매머드 사냥꾼들의 작은 모닥불이 세계 기후까지 변화시키진 못했다. 그들이 동굴을 데우고 매머드 고기를 굽는 동안 당연히 이산화탄소가 발생했다. 오늘날에는 이산화탄소가 온실가스 중 하나로 기후를 상승시킨다는 사실을 알고 있다. 다행히 석기 시대 인구는 전 세계적으로 만 명 정도밖에 되지 않아서 그들의 모닥불이 뭔가를 바꿔 놓기엔 수가 너무 적었다. 그러나 그들의 자손이 태어났고 그 수는 점점 불어났다. 10만 명, 100만 명 그리고 수없이…….

오늘날 지구에는 70억의 인구가 살고 있다.(UN은 2011년 10월경에 세계 인구가 70억 명을 넘어설 것이라며 2011년 10월 31일을 '70억 명째 아이가 태어나는 날'로 선정했다.) 그리고 그들 하나하나가 기후라는 요리를 조금씩 휘젓고 있다. 1만 년 전처럼 오늘날에도 음식을 끓이고 집을 난방하려면 에너지가 필요하다. 그러나 석기 시대 사람들이 가까운 하천에서 털옷을 직접 빨고 햇빛에 널어 말렸다면, 오늘날 산업 국가에 살고 있는 후손들은 일주일에도 서너 번씩 세탁기와 건조기를 돌린다. 물론 이 기계들은 춥거나 비가 내리는 바람에 세탁을 한 달씩이나 미루지 않아도 되는 장점이 있다. 그러나 문제는 전자 제품이 전기 에너지로 움직인다는 것이다.

우리 조상들은 걸어서 사냥을 다녔던 반면, 오늘날 후손들은 자동차나 지하철을 타고 출근한다. 설사 자동차나 지하철 대신 자전거를 탄다고 해도 석기 시대 사람들보다는 에너지를 더 많이 쓴다. 우리가 자전거 페달을 밟으려면, 우선 쇠를 녹여 자전거 틀부터 만들어야 하기 때문이다. 또 타이어 원료도 숲에서 자라는 것이 아니라 에너지를 덥석덥석 집어삼키는 공장에서 만들어진다. 이미 오래전부터 자전거 한 대를 만들어 낼 에너지를 얻으려면 나무 몇 그루를 태우는 것만으론 어림도 없었다.

결국 인류는 수백만 년 동안 땅에 묻혀 있던 석탄과 석유, 천연가스를 태워 에너지를 얻는 방법을 터득했다. 그런데 석탄은 같은 양의 나무보다 화기를 더 오래 유지할 수는 있지만, 그만큼 이산화탄소도 훨씬 많이 내뿜는다. 매머드 사냥꾼들은 나무를 아주 조금만 땔감으로 사용했으며, 사용한 양만큼 나무가 그 근처에서 새롭게 자랐다. 반면에 오늘날 인류는 어마어마하게 긴 시간에 걸쳐 생성된 석탄이나 석유 같은 화석 연료를 매년 엄청나게 태우고 있다. 그와 함께 기록적인 양의 온실가스를 공기 중으로 내보내고 있다. 이것이 기후를 변하게 만드는 요인으로 작용한다.

다행히 인간은 원시 시대에 비해 자신을 둘러싼 환경에 대해 훨씬 많은 것을 알게 되었다. 석기 시대 사람들은 지금 우리보다 뇌우는 훨씬 잘 예측했을지 몰라도, 자기가 피운 모닥불에서 나오는 이산화탄소에 대해서는 몰랐다. 반면 오늘날 우리는 배기관과 굴뚝에서 나오는 연기의 정체가 무엇인지 안다. 에너지 절약을 통해 기후를 보호할 수 있다는 사실도.

아마 미래에는 세탁기에 필요한 에너지를 풍차에서 얻고, 전깃불은 절전 램프에서 나오게 될 것이다. 그러나 이것이 기술력의 끝이 되어서는 안 된다. 인류는 기후 변화를 초래했지만 기후 변화를 막는 방법도 알아냈다. 이제는 그 방법을 이 지구에 적용해야만 한다.

자, 그러면 이제 기상학자들의 실험실과 엔지니어들의 첨단 연구소로 함께 떠나 보자. 그리고 우리 지구를 들썩이는 폭풍과 폭우와 폭염이 부글부글 끓고 있는 조리실에도 들러 보자.

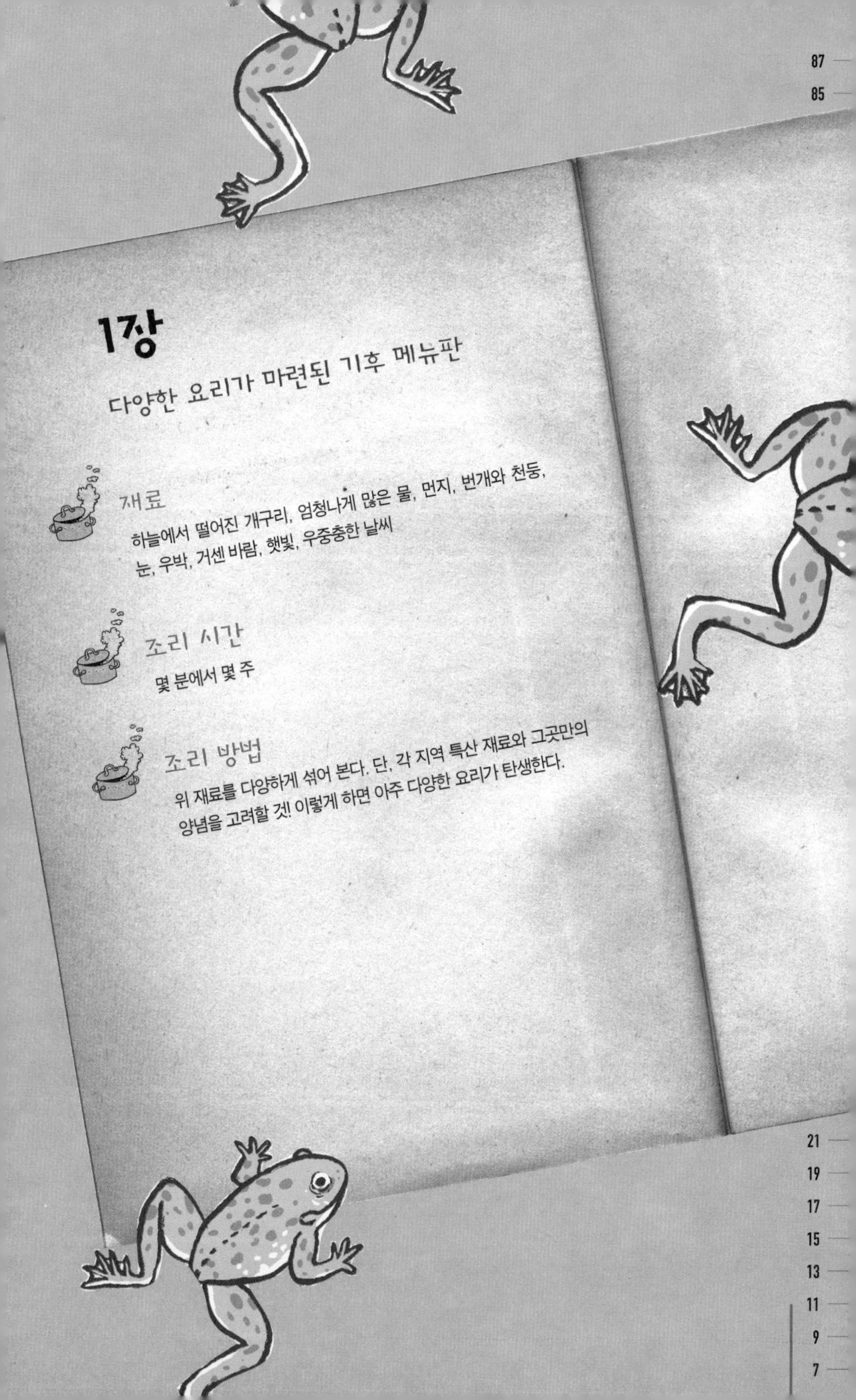

1장

다양한 요리가 마련된 기후 메뉴판

재료

하늘에서 떨어진 개구리, 엄청나게 많은 물, 먼지, 번개와 천둥, 눈, 우박, 거센 바람, 햇빛, 우중충한 날씨

조리 시간

몇 분에서 몇 주

조리 방법

위 재료를 다양하게 섞어 본다. 단, 각 지역 특산 재료와 그곳만의 양념을 고려할 것! 이렇게 하면 아주 다양한 요리가 탄생한다.

번쩍이는 번개와 우두두 떨어지는 우박, 푹푹 찌는 더위, 살을 에는 추위……. 날마다 날씨가 깜짝 이벤트를 선보인다. 가끔은 5월 같은 포근한 날씨로 기분 좋게 해 주지만, 어느 날 갑자기 생명을 위협하는 폭우로 강을 범람시키고 전국의 노숙자들을 위태롭게 만들기도 한다. 인류는 이 모든 변화들에 어떻게든 대처해야 한다. 이런 무시무시한 자연재해만 발생하지 않으면 대부분 그런대로 잘 버티며 산다.

오늘날 다양한 날씨 현상이 일상이 되었고 사람들 대부분은 왜 그런 현상이 생기는지에 대해 심각하게 생각하지 않는다. 그러다 어느 날 갑자기, 불가해한 자연 현상에 맞닥뜨리는 것이다.

하늘에서 내리는 개구리 비

1781년 프랑스 북부에 엄청난 폭풍이 불어닥쳤다. 물론 폭풍 자체만으로는 그다지 특별한 사건은 아니었다. 그전에도 종종 일어나는 일이었으니까. 그런데 사람들은 갑자기 자기 눈을 의심하지 않을 수 없었다. 하늘에서 비가 아니라 작은 개구리들이 무더기로 떨어지더니 들판과 도로 위를 어기적어기적 기어 다니는 게 아닌가. 그것도 멀쩡히! 그 수수께끼 같은 광경을 지켜본 사람들은 고개를 절레절레 흔들며 저마다 의견을 내놓았다.

혹시 초자연적인 힘이 작용한 걸까? 방금 우리가 기적을 목격한 것은 아닐까? 아니면 이름 모를 악마가 저지른 짓일까? 하지만 진짜 납득할 만한 의견을 내놓는 사람은 아무도 없었다. 개구리 비나 또 다른 기이한 날씨 현상들은 어떠한 이성적 설명 없이 주술적인 현상으로 치부되곤 했다.

요즘 사람들도 이처럼 오래전에 일어난 기이한 사건들을 들으면 착시 현상이나 미신이라고 생각할 것이다. 또는 목격자들이 풍부한 상상력의 소유자였을 거라고 생각할지도 모른다. 실제로 하늘에서 동물 비가 내릴 수는 없으니까.

그런데 오늘날에도 세계 곳곳에서 비 대신 생명체가 하늘에서 떨어졌다는 보고를 들을 수 있다. 만우절 농담도 아니고 현대에 나타난 새로운 신화도 아니다. 2006년 인도 케랄라 주의 한 마을에도 작은 물고기 소나기가 내렸다.

여기에는 어떤 주술도 없다. 이 기적의 배후에는 지극히 평범한 회오리바람이 있을 뿐이다. 즉 회오리바람이 강이나 호수 등에 사는 작은 물고기들을 휘감아 올려 수 킬로미터나 이동해 간 것이다. 그러다 회오리바람이 사그라지면 멋모르고 휩쓸려 왔던 동행자들은 땅바닥으로 내동댕이쳐지고 만다. 이때 물고기들은 대부분 마른 땅에 떨어지기 때문에 살아남을 가능성이 낮다. 반면 개구리나 두꺼비 들은 상관없이 폴짝폴짝 뛰어 제 갈 길을 간다.

하지만 미국 플로리다 주에서 도마뱀 비가 내리는 건 사정이 좀 다르다. 이곳은 겨울에도 포근한 날씨가 이어지는데 이는 도마뱀이 특히 좋아하는 환경이다. 그러나 가끔은 차가운 북극 기단이 밀려 내려오곤 한다. 물론 이런 냉기류가 모든 것을 얼려 버릴 정도의 한파는 아니다. 그러나 나무에 사는 도마뱀들은 기온이 섭씨 5도 이하만 되어도 살아남기 어렵다. 추위 속에서 온몸이 뻣뻣하게 굳고 움직일 힘조차 없어져서, 나뭇가지에 붙어 있지 못하고 바닥이나 지나가던 사람들 머리 위로 떨어져 버리는 것이다. 물론 떨어진 도마뱀보다 충격이 더 큰 건 도마뱀으로 머리를 맞은 사람 쪽이겠지만 말이다.

도마뱀은 추락해 봤자 큰 영향을 받지는 않는다. 이곳 도시 공무원들이 한파의 희생자들을 쓸어 모아서 볕이 잘 드는 양지에 놓아주는데(가장 중요한 업무 중 하나이다.) 햇볕에 몸이 녹은 도마뱀들은 금세 나무 위로 기어올라 언제 그랬냐는 듯이 살아간다. 물론 다음 한파가 밀어닥칠 때까지만 말이다.

알록달록 색깔 있는 비

동물 비 외에도 고개를 절레절레 젓게 하는 비가 존재한다. 가끔 전설이나 주술에도 이런 비가 나오는데, 단, 그 색깔이 특이해야 한다. 보통 비는 투명하다. 그렇지 않으면 뭔가 잘못된 것이다. 인도 샹그람푸어 시에 사는 시민들도 당연히 그렇게 알고 있었다. 그런데 2002년 6월, 집 위로 초록색 비가 내리자 그들은 최악의 상황까지 상상해 버렸다. 새로운 화학 무기의 공격이나 심각한 자연재해일 거라고 말이다. 그러나 학자들은 곧 비상경보를 해제했다. 이 기이한 물질이 인체에 완전 무해한 벌의 똥으로 밝혀졌기 때문이다. 초록색은 망고와 코코넛 씨가 똥으로 농축된 결과였다. 열대성 폭우가 나뭇잎

에 떨어져 있던 벌의 똥을 씻어 내렸을 가능성이 컸다. 어쩌면 막 그 도시 위를 날아가던 아시아계 벌 떼 때문에 이 '폭탄'이 떨어졌을 수도 있다. 벌 떼가 날아가면서 종종 공기 중으로 알록달록한 배설물을 분사한다는 것은 잘 알려진 사실이다.

한번은 이 때문에 외교적인 분쟁이 발생한 적도 있다. 1981년 미국 정부는 러시아가 무장 해제에 대한 협약을 어기고 라오스와 캄보디아 국경 지역에 생화학 무기를 사용했다고 주장했다. 그 당시 어느 생화학자가 그 의심스러운 물질이 벌의 배설물임을 밝혀내기까지 무려 6년이 걸렸다. 그러나 기온이 영하로 내려가면 벌들의 소화 마법은 자취를 감춘다.

가끔은 눈송이도 믿기지 않는 색깔로 사람들을 놀라게 한다. 1818년 8월 16일, 영국의 연구선 이사벨라호 선원들은 깜짝 놀라 눈을 비비고 또 비볐다. 그린란드와 캐나다령 배핀 섬에 둘러싸인 만을 지나가고 있었는데, 눈 덮인 해안이 새하얗지 않고 적갈색을 띠었기 때문이었다. 그 수수께끼 같은 적갈색 눈은 세상의 주목을 끌어 19세기의 수많은 화학자와 자연학자 들이 비밀을 밝히려고 애썼다. 세월이 흐른 뒤 사람들은 그것이 눈 속에서 자란 해조류 때문이라는 걸 알게 되었다. 해조류는 흰 눈을 붉게 물들일 뿐 아니라 녹색으로 만들기도 한다. 하지만 만약 알프스의 눈이 붉은 색을 띠고 있다면 그건 또 다른 이유 때문이다. 기상 조건이 맞아떨어지면 사하라에서 적색 모래 먼지가 날아와 흰 눈밭을 붉게 물들이는 것이다.

엄청나게 내리는 비, 폭우

비나 눈은 대개 색깔보다는 엄청난 양으로 주목받는다. 2004년 6월에서 8월 사이, 인도와 그 이웃나라에는 어마어마한 물난리가 났다. 고요하던 강이 단시간에 거대한 물보라를 일으키며 육지를 침범했던 것이다. 한동안 방글라데시 육지 중 3분의 2가 물에 잠겼다. 인구 천만의 수도 다카는 육로로는 들어갈 수조차 없었고, 그 외 다른 지역들도 헬리콥터로나 접근이 가능했다. 수해 지역 주민들은 생필품과 의약품을 공급받기가 몹시 어려웠다.

20세기에 있었던 대홍수

장소	때	희생자 수
중국	1911년	10만 명
중국	1931년 7, 8월	14만 명
중국	1939년 7, 8월	2만 명
중국	1954년 8월	4만 명
이란	1954년 8월	1만 명
수단	1988년 8, 9월	8,000명
중국	1993년 6~9월	3,300명
중국	1998년 5~9월	3,656명
아시아	1998년 6~9월	4,750명
베네수엘라	1999년 12월	2만 명

깨끗한 식수가 없어서 사람들은 콜레라와 티푸스 같은 위험한 질병에 속수무책으로 노출되었다. 방글라데시와 인도 사람 수천 명이 목숨을 잃었고, 수백만 명이 집 없는 떠돌이 신세가 되었다.

홍수는 자연재해 중에서 가장 치명적인 피해를 입히는 것 중 하나이다. 전문가들은 매년 홍수로 2만 5,000여 명의 사망자가 발생하는 것으로 추정하고 있다. 1987년에서 1997년까지 10년 동안 22만 8,000명이 홍수 때문에 죽었다. 해당 관청의 보고에 따르면 1998년 중국 일부를 물에 잠기게 했던 단 한 번의 홍수가 3,000여 명의 생명을 앗아 갔다.

살아남은 이들도 재해가 남긴 참혹한 결과와 오랫동안 싸워야 했다. 홍수가 물러간 지역에는 참담한 폐허만이 남기 때문이다. 20세기에도 홍수로 수많은 가옥들이 파괴되었고 논밭이 진흙탕으로 변했다. 2005년 6월 초, 어마어마하게 많은 비가 중국 땅에 퍼붓는 바람에 집 14만여 채가 붕괴되었고 독일의 작센 주 크기(제주도 면적의 약 10배)의 논밭이 황무지로 변했다. 이런 재해는 보험 회사에도 어마어마한 손실을 입힌다. 홍수로 인한 유럽의 피해액은 2050년경 1년간 235억 유로에 이를 것으로 예상된다.

폭우가 가져온 홍수

2002년 8월 12일, 독일 작센 주 베젠슈타인에서 예펠 씨 가족은 고삐 풀린 망아지처럼 걷잡을 수 없이 불어나는 강물이 얼마나 파괴적

뮈글리츠 강이 홍수로 범람하면서 집을 덮쳤다. 붕괴된 집에서 마지막으로 남은 건물 벽 위로 피신한 예펠 씨 가족.

인지 뼈저리게 경험했다. 그날 밤 그들의 목숨은 길이 5미터에 폭이 겨우 36센티미터밖에 안 되는 건물 외벽에 달려 있었다고 해도 과언이 아니었다. 평소 얌전하기만 했던 뮈글리츠 강이 미친 듯이 범람하면서 집 대부분을 집어삼킨 것이다. 폭우가 끝없이 쏟아지는 바람에 평소 수량의 100배가 넘는 물이 거세게 계곡 아래로 흘러갔다.

집이 차츰차츰 무너지기 시작하자, 헤이코 예펠은 자식 론니와 실바나, 노모 지글린데와 함께 이 마지막 외벽 위로 피신했다. 열세 시간 동안 네 사람은 아슬아슬한 외벽 위에서 버텼는데, 시꺼먼 홍수 한가운데 좁은 벽 위에 앉아 있는 네 사람의 사진이 전 세계로 퍼져

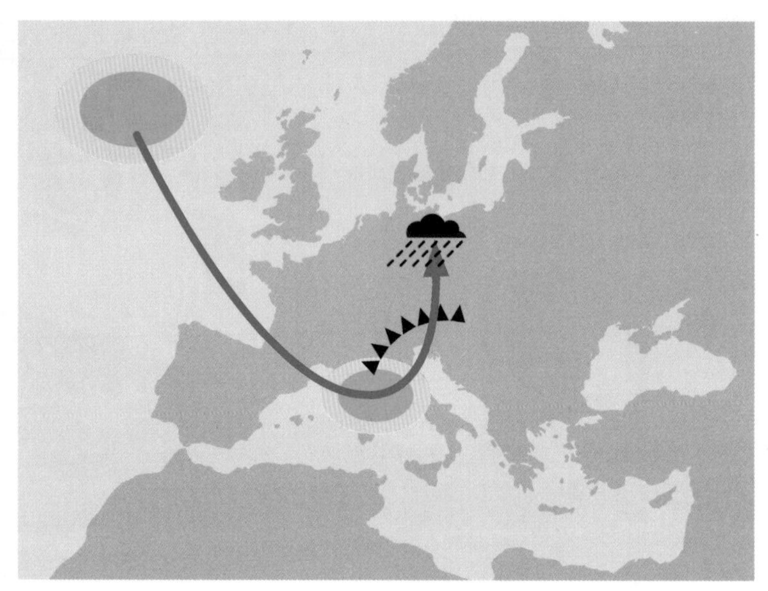

따뜻한 지중해에서 어마어마한 수분을 빨아들인 저기압대가 알프스 산맥을 타고 넘으면서 냉각되어 억수 같은 비를 퍼붓는다.

나갔다. 다음 날 아침이 되어서야 그들은 헬리콥터로 구조되었다. 하지만 그들은 집으로 돌아갈 수 없었다. 왜냐하면 베젠슈타인 중심지가 앞으로도 이런 홍수에 휩쓸릴 위험이 있다는 전문가의 의견에 따라, 복구 계획이 무기한 연기되었기 때문이다. 집 소유주들은 주 정부로부터 보상을 받았고, 예펠 씨 가족은 인근에 있는 모이제가스트로 이주했다. 이곳은 산 위에 있어서 안전하다.

이 홍수는 저기압대의 이동 때문에 일어났다. 여름에는 냉기류가 프랑스를 지나 남쪽으로 흐른다. 대서양에서 중부 유럽(정확한 경계는 존재하지 않지만, 대체로 독일, 오스트리아, 스위스, 체코, 헝가리, 폴란드 등을 이 지역에 포함시킨다.)으로 이동하는 저기압대는 이 냉기류를 따라 지중해로 흘러 들어간다. 그리고 따뜻한 바닷물 위에서 어마어마한 양의 수분을 빨아들인 뒤, 알프스 산맥 동부로 이동한다. 그런 다음 다시 중부 유럽을 지나는데, 이때 불어닥친 냉기류를 타고 넘으면서 냉각되어 억수 같은 비를 퍼붓게 된다.

실제로 2002년 8월, 에르츠게비르게 산맥에 있는 친발드에는 24시간 동안 1제곱미터당 312리터의 비가 내렸다. 이는 반년 동안 베를린에 내린 강우량보다 더 많은 양이다. 이런 기상 상황이 중부 유럽에 잦은 홍수를 일으키는 건 어찌 보면 당연하다. 1342년 7월, 막달레나 홍수는 마인 강과 라인 강 주변 도시들을 폐허로 만들었고, 1997년 7월과 8월에는 오더 강이, 1999년 오순절(예수 부활절 후 50일째 되는 날로 성령 강림을 기념하는 기독교 명절)에는 다뉴브 강의 바이에른 쪽 지류가 범람했다. 그러나 2002년 엘베 강 홍수는 예상했던 최악의 시나리오를 뛰어넘었다. 수위계가 그 지역 역사상 1700년 만에 최고점을 기록한 것이다. 독일은 이 재해로 150억 유로의 피해를 입었다.

꼭 필요한 홍수 예보!

어마어마한 홍수가 일어나곤 하지만, 불행 중 다행으로 독일 사람들이 갑자기 봉변을 당하는 일은 매우 드물다. 왜냐하면 중부 유럽 국가들은 홍수 예보가 잘 적중하는 편이어서 대개는 재난에 대비할 시간적인 여유가 있기 때문이다. 자동 수위계가 큰 강의 수위를 측정하고, 그 정보를 기반으로 언제쯤 강이 범람할지 슈퍼컴퓨터로 계산해 예보를 내보낸다.

반면 가난한 나라에서는 이런 시스템을 만들기 어렵다. 정확한 일기 예보를 할 수 있는 기계가 무척 비싸기 때문이다. 물론 그곳 사람들도 생존을 위협하는 홍수 경보가 꼭 필요하다. 경보를 받는다면, 홍수가 모든 것을 휩쓸기 전에 사람과 재산 일부라도 옮겨 놓을 수 있을 테니 말이다.

모잠비크 사람들에게 이런 경고 시스템은 생명이 달린 일이나 거의 마찬가지이다. 해마다 사이클론이 네 번쯤 아프리카 동남부에 위치한 모잠비크를 지나가기 때문이다. 사이클론이 지나갈 때마다 땅이 흔들리고 엄청난 폭우가 쏟아지면서 강이 범람한다. 모잠비크에는 해마다 홍수가 발생하고, 특히 심한 해에는 그렇지 않아도 가난한 국민들이 지독한 수해와 싸워야 한다. 2000년과 2001년에는 수많은 사람들이 물에 잠긴 집 지붕 위에 앉아 구조를 기다려야 했다. 수백 명이 목숨을 잃었고, 최소 50만 명이 집을 잃고 난민이 되었다. 게다가 앞으로도 이처럼 엄청난 수해가 닥칠 위험이 있다.

마침내 2007년 '뮌헨 재건 재단'의 직원들이 모잠비크의 부치 강에 경고 시스템을 설치하는 것을 도왔다. 다뉴브 강과 비슷한 크기의 부치 강은 100년 넘게 갑작스런 범람으로 강변에 사는 사람들의 목숨을 위협하곤 했다. 앞으로는 가능한 한 그런 일이 일어나지 않도록 독일의 홍수 전문가들이 현지에 투입된 것이다.

이제 강변에 있는 마을들은 강수를 받아 두는 계량컵으로 매일 비가 얼마나 내렸는지 확인한다. 아이들도 동참해서 색깔로 표시된 단순한 막대기 수위표에서 강물이 얼마나 불었는지 살핀다. 그리고 이 정보를 이웃한 대도시에 무전기로 알린다.

대도시에는 여러 마을에서 잰 측정값이 집결되는 센터가 있다. 만약 단 한 곳에서만 강수량이 많아지면, 이는 큰 지장이 없는 폭우일 테니 홍수를 걱정하지 않아도 된다. 반면 모든 시범 마을에 폭우가 내려 계량컵이 넘쳐흐르고 수위가 올라간다면 위험한 상황이다.

상황이 이렇게 되면 센터 직원들이 해당 지역에 무전기로 위험을 알린다. 해당 지역의 책임자가 위험을 경고하는 여러 색 깃발을 내걸면, 청년들이 자전거를 타고 다니면서 마을 외곽에 사는 사람들에게 확성기로 위험을 알린다. 이런 방식으로 홍수에 대한 경고가 외딴 농가에까지 전달된다.

이 시스템은 수차례에 걸친 모의실험 끝에 2007년 2월 처음으로 그 진가를 발휘했다. 그해에 사이클론 파비오가 들이닥쳐 강이 범람하면서 1만 2,000명 넘게 위험에 빠질 뻔했다. 그러나 이미 경계경보가 발령되어 주민들은 위험에 대비했고, 일부 지역은 주민들을 모두 대피시키는 데 성공했다. 그 결과, 부치 강 유역 사람들은 비록 어마어마한 재산상의 손실을 입었지만, 사망자는 4명, 부상자는 76명에 그쳤다. 이 경고 시스템이 없었더라면 희생자 수는 분명 크게 늘어났을 것이다.

치명적인 위협, 가뭄

비가 너무 와도 문제지만, 너무 오지 않아도 홍수만큼이나 위험할 수 있다. 한 달 내내 비가 한 방울도 내리지 않아 땅이 바싹 말라 버리면 가난한 나라에서는 극단적인 기아 사태가 일어난다. 2005년 4월, 아프리카 지부티가 그랬다.

아프리카 대륙 북동쪽에 자리한 지부티는 그해 세 번째 우기가 되었는데도 강수량이 너무 적었다. 물 저장고를 채우기에 비가 턱없이 부족했고, 내륙 지역의 초원에 풀도 자라지 않았다. 할 수 없이 목동들은 가축들과 함께 해안에 머물러야 했다. 가축들이 끊임없이 풀을 뜯어 대고 짓밟는 바람에 해안은 차츰 황무지로 변해 갔다. 목동

20세기에 있었던 대가뭄

장소	때	희생자 수
인도	1965~1967년	150만 명
아프리카	1972~1975년	25만 명
에티오피아	1984, 1985년	100만 명
중국	1988년 6, 7월	1,440명
앙골라	1989~1990년	1만 명
미국	1998년 5~8월	130명
미국	1999년 6~8월	214명

멕시코는 가뭄으로 땅이 다 갈라졌다.

들은 가축들이 굶주리고 갈증에 시달려도 속수무책이었다. 살아남은 가축들은 약해졌고, 기생충과 질병이 기승을 부렸으며, 폐렴이 걷잡을 수 없이 번졌다. 결국 가축들이 떼죽음을 당했고, 그 바람에 수많은 가족이 삶의 기반을 잃었으며, 3만여 명이 기아에 허덕였다.

이렇게 혹독한 가뭄과 기아는 지부티 인근 국가들도 종종 겪는 일이다. 에티오피아 북부에 자리한 나라 에리트레아의 2003년도 몹시 끔찍했다. 인구 300만 명 중 4분의 3이 수년간 지속된 심각한 가뭄에 고통받았고, 수만 명이나 되는 아이들이 영양실조에 시달렸다. 1980년 중반에는 에티오피아에서 가뭄으로 약 100만 명이 죽었다. '아프리카의 뿔'(코뿔소의 뿔을 닮은 아프리카 동북부 지역으로 에티오피아, 소말리아, 지부티, 에리트레아 등이 자리잡고 있다.) 지역은 지구 위에서 가장 건조한 곳 중 하나로 항상 기아에 시달린다. 그러나 다른 지역에도 슬픈 기록들이 있다. 1960년대 인도에서는 150만 명이 굶어 죽었고, 사하라 사막 남쪽의 사헬 지역(사막과 초원의 경계 지역으로 연간 강수량 변화가 심하다.)에서는 1972년과 1975년 가뭄으로 25만 명이 사망했다.

오늘날 유럽은 다행스럽게도 기근 때문에 고통을 겪지는 않는다. 하지만 가뭄은 든다. 2003년 여름, 독일은 보기 드물게 심한 가뭄에 시달렸고 농산물 수확량은 평년보다 훨씬 적었다. 그러나 그 정도 강수량이면 아프리카의 뿔 지역에서는 아무런 문제도 일어나지 않았을 것이다. 지역마다 필요한 강수량은 다 다르고, 그 지역의 생태계는 주변 환경에 맞춰 적응해 왔다.

만일 연간 강수량이 1제곱미터당 51리터라면 지구 위 거의 모든 지역이 극도의 가뭄에 시달리고 모든 식물은 말라 죽을 것이다. 그러나 이 정도는 소말리아 북부 해안 도시 베르베라에서는 아주 흔한 일이다. 반면 인도양의 모리셔스 섬에는 연간 1제곱미터당 1,000리터가량의 비가 내린다. 만약 1,000리터 대신 600리터만 내린다면 사탕수수 농사는 망친 것이나 다름없다. 반면 베를린의 식물들은 600리터의 강수량만으로도 무럭무럭 자란다. 칠레 남부와 뉴질랜드 남부의 일부 지역에는 매년 1제곱미터당 8,000리터의 비가 쏟아진다. 이 정도면 식물들에겐 낙원이나 다름없다. 해안을 따라 우거진 숲이 이를 증명한다.

우르르 쾅쾅 뇌우!

가뭄은 엄청난 천둥소리와 함께 격렬한 악천후가 덮치면서 끝나곤 한다. 먼저 지평선 위로 시꺼먼 먹구름이 피어오르면서 화창했던 날이 갑자기 어두워진다. 하늘에서 우박이 우두둑 쏟아지고 돌풍이 불어와 심하면 나무를 뿌리째 뽑아 버리기도 한다. 그러고도 모자라 땅을 산산조각 낼 것처럼 천둥이 치고 곧이어 눈부신 번개가 하늘을 가른다.

수천 년 전 사람들은 부들부들 떨면서 이 모든 것을 지켜보았을 것이다. 자연스레 번개와 천둥이 어떻게 일어나는가에 대한 수많은 전설이 앞다투어 만들어졌고, 많은 문화권에서 신이나 악마의 작품으로 여겼다. 그들에게는 뇌우가 초자연적인 존재들이 전쟁을 벌이는 현상으로 보였을 것이다. 하지만 사실 이 인상 깊은 쇼는 단순한 물리 현상 때문에 일어난다.

이 여름날의 쇼는 차가운 공기가 따뜻한 공기 아래로 들어가면서 시작된다. 그러면 따뜻한 공기가 순식간에 상승하고, 위로 올라가면서 차게 식는다. 차가워진 공기는 자신이 갖고 있던 수증기를 내놓게 되고, 수증기는 서로 뭉쳐서 작은 물방울이 된다. 수증기가 물방울이 될 때에는 많은 에너지가 발생한다. 이 에너지 덕에 따뜻했던 공기는 더 빠른 속도로 상승한다. 만약 이때 강한 바람이라도 불면 바람은 물방울을 최고 영하 60도에 이르는 구름의 최상층까지 끌고 올라간다. 그러면 물방울은 순식간에 얼음 알갱이가 된다. 여기에 수

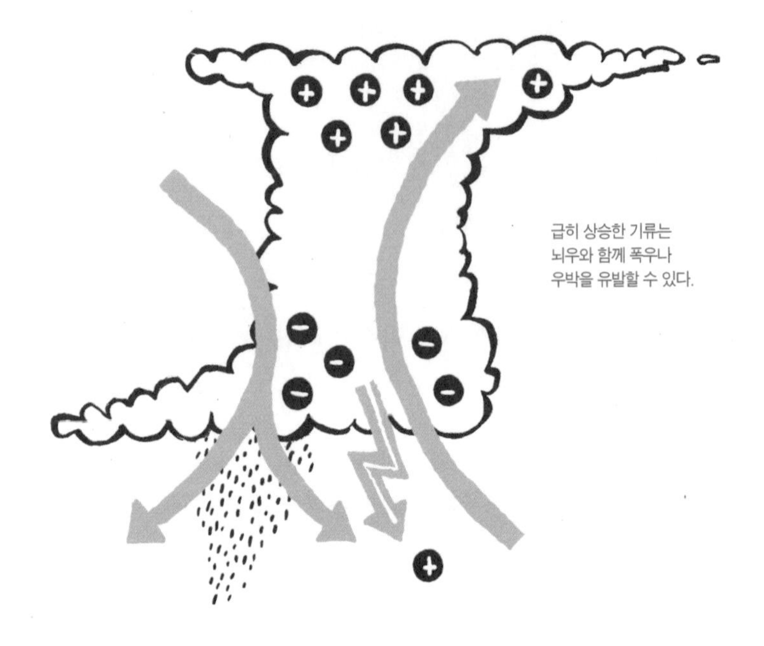

급히 상승한 기류는
뇌우와 함께 폭우나
우박을 유발할 수 있다.

증기가 달라붙는데, 수증기는 물방울보다 훨씬 더 빨리 얼음 알갱이에 달라붙어 얼기 때문에 얼음덩어리가 급속도로 커진다. 얼음덩어리가 무엇이 될지는 구름 속에 부는 바람의 강도에 달려 있다. 바람이 약하면 얼음덩어리는 계속 떠 있을 수 없어서 더 커지기 전에 땅으로 떨어진다. 그리고 땅에 도달하기 전에 다시 녹아 비로 변한다.

반대로 아주 강한 바람은 얼음덩어리를 좀 더 오래 갖고 논다. 얼음덩어리는 구름 속을 오르락내리락하며 점점 더 많은 수분을 빨아들여서 갈수록 커진다. 그러다가 어느 순간, 너무 무거워서 아무리 센 바람도 지탱할 수 없게 되는 때가 온다. 지나치게 커진 얼음덩어리는 추락하는 속도가 아주 빠르기 때문에 땅에 도달할 때까지 채 녹지도 않는다. 그런 원리로 가끔 완두콩만 한 '싸락눈'이 내리고, 때로는 기상학자들이 '우박'이라고 표현하는 지름 0.5센티미터가 넘는 얼음덩어리가 떨어지기도 한다.

세계에서 가장 큰 우박이 내린 기록은 미국 캔자스 주 커피빌이 오랫동안 보유하고 있었다. 1970년 9월 3일, 주민들은 지름이 14센티미터나 되는 우박을 발견했다. 대략 자몽만 한 크기다. 그러나 이 기록은 경신되었다. 2003년 6월 22일, 미국 네브래스카 주의 소도시 오로라에 지름 17.8센티미터, 핸드볼 공만 한 우박이 떨어진 것이다.

하늘의 축포, 천둥과 번개

비구름 속에 어떤 바람이 부느냐에 따라 비나 눈, 우박의 형태가 결정된다. 또한 바람은 물방울의 전하를 분리하는 작업도 한다.

대개 구름의 윗부분은 양극이고 아랫부분은 음극이다. 그러나 시간이 지나면서 위아래 전하차가 너무 커지면 격차를 좁히려고 한다. 이 일은 음전하인 '전자'가 맡는다. 전자는 어마어마한 속도로 좁은 통로를 통해 양전하로 이동한다. 이 과정에서 물질의 가장 작은 단위로 보이는 핵조차도 더 잘게 쪼개지면서 눈부시게 환한 빛을 내는 플라스마가 발생하는데, 이것이 바로 '번개'이다. 번개가 불꽃처럼 파닥거리는 이유는 대부분 이런 방전이 초 단위로 연속해서 일어나기 때문이다. 동시에 번개가 발생하는 통로 부근의 공기는 섭씨 3만 도 이상으로 가열되기 때문에 폭발하는 것처럼 팽창하면서 천둥소리를 낸다.

천둥소리를 들으면 뇌우가 얼마나 떨어져 있는지 계산할 수 있다. 이 무시무시한 굉음은 1초에 340미터씩 이동한다. 그러므로 번개를 보자마자 천둥이 칠 때까지 몇 초가 걸렸나 센 뒤 그 수에 340미터를 곱하면 뇌우까지의 거리를 알 수 있다. "1……"을 세기도 전에 천둥이 친다면 얼른 안전한 곳으로 피신해야 한다. 뇌우가 아주 가까이 있다는 뜻이고, 뇌우는 아이들 장난이 아니니까.

19세기까지만 해도 독일에서는 매년 수백 명이 번개에 맞아 목숨을 잃었다. 특히 들에서 일하는 농부들이 가까운 거리에 몸을 피할 곳이 없어서 자주 위험에 빠졌다. 다행히 오늘날 중부 유럽 인들의 생활은 급격히 변했고, 덕분에 뇌우에 대한 공포도 다소 사라졌다. 사람들 대부분은 뇌우가 오기 전에 안전한 차나 건물로 피할 수 있다. 하지만 미처 그럴 시간이 없으면 두 발을 모으고 두 팔로 몸을 감싼 자세로 바닥에 웅크리고 앉아 무릎 사이로 머리를 수그린다. 이것이 번개를 최대한 피하게 해 주는 자세다.

반면 뇌우가 쏟아질 때 물에서 한 바퀴 더 돌고 나온다든가 전봇대나 탑 근처에 서 있거나 나무 밑으로 피신하는 건 아주 위험한 일이다. 번개는 특히 수면이나 높은 물체의 꼭대기를 잘 공격하기 때문이다. 독일에서는 아직도 매년 세 명에서 일곱 명이 이런 행동으로 목숨을 잃는다.

설사 번개에 맞아서 죽지는 않더라도 최소한 공포를 느낀 경험은 누구에게나 있을 것이다. 2005년 7월 10일, 바이에른 주 레겐스부르크의 스포츠 센터에서 축구를 하던 사람들은 운동이 꼭 몸에 좋지

독일에 쳤던 번개 회수

때	총 회수	제곱킬로미터당 회수
2004	1,752,455	4.9
2005	1,927,941	5.4
2006	2,484,791	7
2007	2,662,409	7.5

만은 않다는 사실을 생생하게 경험했다. 운동장 위로 시꺼먼 먹구름이 몰려들고 우르릉 쾅쾅 천둥이 치기 시작하자 사람들은 혹시나 해서 경기를 일찍 끝냈다. 그런데 운동장을 막 떠나는 순간, 번개가 쳤다. 번개는 선수 열한 명을 때렸고, 그중 한 명은 심한 화상을 입었다. 다행히 사망자는 없었다.

로이 설리번이라면 이 이야기를 듣고 아마 가소롭다고 코웃음을 칠지도 모르겠다. 버지니아 주의 셰넌도어 국립 공원에서 산림 관리인으로 근무했던 그는 1942년에 처음으로 번개에 맞았다. 그때까지만 해도 그는 앞으로 같은 일이 여섯 번이나 더 일어날 거라는 걸 상상도 못했다. 그는 여러 차례 번개에 맞으면서 심한 화상을 입거나 한동안 의식을 잃거나 고막이 손상되었다. 그러나 매번 목숨은 건졌다. 신문들은 그를 '인간 피뢰침'이라 불렀고 기네스북에도 올랐다. 그는 1983년에 죽었는데, 벼락이 아니라, 상사병 때문에 스스로 당긴 권총 방아쇠 때문이었다.

뇌우가 가져오는 경제적 손실

뇌우는 생명을 위협할 뿐 아니라 금전적으로 엄청난 피해를 입히기도 한다. 가령 변전소가 번개를 맞으면 무엇보다 정전이 될 수 있다는 점에서 골치 아프다. 그러나 번개 때문에 모든 곳이 똑같은 피해를 입는 건 아니다. 번개가 특히 좋아하는 지역이 따로 있다. 독일의 경우 슈바르츠발트(독일 남서부 라인 강 동쪽에 뻗어 있는 산맥)와 라인-

마인 지역이 번개가 특히 좋아하는 곳이다. 알프스 인근 숲 지대에는 해마다 번개가 1제곱킬로미터당 4회나 치는 반면, 해안가는 많아 봐야 1회다.

번개는 대도시 상공에서 특히 많이 친다. 미국 학자들은 12년 동안 텍사스 주 휴스턴 시를 중심으로 반경 300킬로미터 이내에서 번개가 몇 번이나 쳤는지 조사했다. 그렇게 해서 만들어진 번개 지도에서 놀라운 결과가 나타났다. 휴스턴 시에 친 번개가 그 주변보다 40퍼센트나 더 많았던 것이다.

미국 4대 대도시에는 매년 1제곱킬로미터당 평균 7회 번개가 쳤지만, 그 주변 지역은 겨우 2회였다. 특히 여름과 가을 정오 시간대에 차이가 가장 두드러져서 이때에는 대도시에 번개가 70퍼센트나 더

강한 뇌우는 종종 우박을 내리게 한다.

많이 내리쳤다.

이런 결과가 나온 이유는 무엇일까? 우선 도시는 크면 클수록 콘크리트와 아스팔트로 된 수많은 건물과 광장, 도로 들로 뒤덮이게 된다. 그리고 이런 소재는 여름이면 숲이나 초원에 비해 더 많은 열을 저장한다. 그러면 빌딩 숲에서 따뜻하게 데워진 공기가 위로 상승하면서 열섬(주변보다 기온이 높은 도시 지역. 등온선을 그리면 그 모양이 바다에 떠 있는 섬처럼 보이기 때문에 생긴 말이다.)을 만들어 낸다. 이때 가벼운 뇌우가 지나가다가 열섬으로부터 에너지를 얻게 되면 아주 미미했던 천둥이 갑자기 격렬한 뇌우로 변하게 되는 것이다.

게다가 공장과 자동차 들이 수없이 많은 오염물 미립자를 공기 중에 내뿜는다. 이 미립자들은 둥실둥실 떠돌아다니다가 구름 속 수증기와 만나 작은 빗방울을 만들어 낸다. 이 빗방울이 구름의 자기 반응을 활발하게 만들어, 더 많은 번개를 치게 만드는 것이다.

피해를 일으키는 것은 번개만이 아니다. 한 번이라도 우박에 차가 파손된 경험이 있다면 "맞아!"라고 고개를 끄덕일 것이다. 1984년 7월 12일, 독일 뮌헨에서 20세기 들어 가장 비싼 우박이 내렸다. 그날 하늘에서 테니스공만 한 우박이 떨어져 지붕을 뚫고 자동차들을 짓이겨 버린 것이다. 그 사건으로 인한 재산 손실만 15억 유로에 달했다. 게다가 하늘에서 내리는 얼음덩어리 때문에 죽는 사람도 종종 있다.

그러니 영리한 과학자라면 이 무시무시한 우박을 무력화할 방법을 오래전부터 고민할 수밖에 없었다. 실제로 그들은 몇몇 대응책을 내놓기도 했다. 우박은 빙정핵에 수분이 달라붙어 만들어진다. 빙정핵이란 그을음, 먼지, 화산재 같은 아주 작은 고체 미립자인데, 얼기 시작한 수증기가 빙정핵에 찰싹 달라붙어 커지면 마침내 우박이 되는 것이다.

그래서 우박이 올 것 같은 날에 비행기를 띄워 요오드화은 화합물을 구름에 직접 뿌리는 방법이 고안되었다. 요오드화은은 완전 무해한 물질로, 상승 기류를 타고 재빨리 구름 속으로 들어가 빙정핵 노릇을 한다. 물론 요오드화은으로 우박을 만드는 것이다. 이렇게 인공으로 만든 우박은 자연적인 것보다 크기가 훨씬 작을 수밖에 없다. 왜냐하면 수증기 양은 그대로인데, 살포된 요오드화은 때문에 빙정핵이 확 늘어난 덕이다. 다만 이것은 이론이다. 실제도 이론과 같을지, 이것으로 피해를 얼마나 줄일 수 있는지는 아직 아무도 증명하지 못했다.

러시아의 한 과학자도 이와 비슷한 이론을 토대로, 비행기를 띄워 구름 속에 시멘트 자루를 던지자고 했다. 시멘트 가루가 구름 속에서 빙정핵 역할을 함으로써 인공적으로 비가 내리도록 유도한다는 계획이었다. 하지만 이 또한 성공할지는 미지수다. 오히려 완전히 실패했던 기록은 있다. 2008년 한 실험에서 시멘트 자루가 계획한 대로 터지지 않고 땅으로 떨어져 모스크바에 있는 어느 집 지붕을 박살내 버린 것이다.

뇌우는 예나 지금이나 엄청난 재산 피해를 유발한다. 특히 우박과 폭우, 번개, 회오리가 합세하면 문제가 더욱 심각해진다. 이 모든

것이 비행기 운항에 큰 지장을 초래하며, 특히 이착륙 시 심각한 문제를 일으킬 수 있다.

전형적인 뇌우 때문에 독일 프랑크푸르트 공항에서 무려 100대가 넘는 비행기가 세 시간 동안 꼼짝도 못한 적이 있었다. 하노버 대학 교수들이 계산해 본 결과, 이 뇌우 한 번으로 입은 손해가 무려 10만 유로에 이르렀다. 이 같은 뇌우가 한 해에 23일 정도 발생하면 공항은 무려 230만 유로의 손실을 입게 된다.

겨울 동장군의 선물, 한파와 눈

공항의 운행 일정을 뒤죽박죽으로 만드는 기상 현상은 뇌우 말고도 많다. 추운 겨울날에도 그런 일은 일어날 수 있다. 특히 얼음비가 골칫거리이다. 얼음비는 활주로를 예측 불가능한 빙판으로 만들 뿐만 아니라, 항공기 동체에 딱 얼어붙어 비행에 지장을 준다. 항공기 동체가 얼음으로 뒤덮이면 공기 저항이 커져서 양력에 영향을 주기 때문에 사고가 날 수 있다.(비행기는 날개에 작용하는 양력, 즉 기체나 액체 속을 운동하는 물체를 위로 떠미는 힘에 의해 하늘을 난다.) 이 때문에 이륙하려는 항공기의 표면은 어느 한 부분도 결빙되면 안 된다. 비행기가 얼음 한 덩이 없이 준비될 때까지 승객들은 대기실에서 코가 빠지도록 기다려야 하는 것이다.

폭설이 내릴 때도 똑같은 장면이 연출된다. 이때도 승객들은 지연 표시가 깜빡거리는 전광판만 눈이 빠지도록 쳐다보면서 짜증을

20세기에 불어닥친 한파

장소	때	희생자 수
브라질	1975년 7월	70명
미국	1977년 1, 2월	75명
미국	1985년 1월	150명
독일	1996년 12월, 1997년 1월	45명
아메리카 대륙	1998년 1월	45명
유럽	1998년 11, 12월	298명

내게 된다.

추운 계절은 이 밖에도 또 다른 문제를 불러온다. 겨울날 일주일 내내 영하의 날씨가 계속되면 한파가 수도관이나 배관, 난방기를 터뜨려 집이 온통 물바다가 된다.

초봄에 들이닥친 꽃샘추위가 큰 피해를 줄 때도 있다. 과일나무에 막 꽃봉오리가 맺히다가 꽃샘추위에 얼어 죽어 수확량이 뚝 떨어진다. 극단적인 경우, 한파는 사람의 생명을 앗아 간다. 특히 추운 겨울은 노숙자들에게 아주 위험한 계절이다. 한파가 오래 지속될 때마다 독일에서는 사망자가 발생한다.

물론 겨울이 나쁘기만 한 것은 아니다. 동계 스포츠 선수와 눈사람에 열광하는 사람, 성탄절을 좋아하는 낭만주의자 들이 공통적으로 좋아하는 '새하얀 것'이 내리니까. 그것은 섭씨 0도 이하의 구름에서 만들어진, 꼭짓점이 여섯 개인 작은 별 모양 얼음 결정이다. 하지만 그 형태는 구름에서 땅으로 내려오면서 기온과 습도에 따라 변하곤 한다. 예를 들어 아주 춥고 습하다면 가운데가 비어 있는 육각기둥 모양이 된다. 반면 결정체가 따뜻한 공기층을 지나면 작은 별 모양이 된다.

이렇듯 얼음 결정체들은 땅으로 내려오면서 다양한 환경을 경험하고, 각기 다른 모양의 얼음 예술품으로 완성된다. 그리고 시간이 지나면서 결정체들이 서로 엉기거나 달라붙은 채로 꽁꽁 언다. 이것이 바로 눈이다.

눈은 다양한 모습을 하고 있다. 스키를 타는 사람들이 가장 선호하는 일명 '파우더 스노우'는 영하의 날씨에서만 내린다. 반면 기온이 0도를 오르락내리락하면 많은 결정체들이 서로 달라붙으면서 입자가 큰 함박눈이 된다.

1887년 1월, 미국 몬태나 주의 포트 키오에 내린 눈은 역사상 가장 큰 눈으로 기록되어 있다. 눈의 지름이 무려 38센티미터나 되었다고 하는데, 이는 라지 사이즈 피자 크기다. 이 기록으로 포트 키오는 기네스북에 올랐다. 그러나 그 놀라운 눈은 너무 금세 녹아 버려서 유감스럽게도 측정된 크기가 정확했는지는 확인할 길이 없다.

적설량도 아주 인상적인 기록이 있다. 세계에서 가장 많은 적설량을 기록한 곳은 미국 워싱턴 주의 레이니어 화산이다. 1971년 2월에서 1972년 2월 사이, 그곳 파라다이스 레인저 기상대에 눈이 31.1미터나 쌓였다고 한다. 독일에서는 해발 3,000미터인 추크슈피체 산이 심한 눈보라가 날리기로 유명하다. 이 산은 독일에서 가장 많은 적설량을 기록한 곳으로, 1944년 4월 2일, 산꼭대기에 눈이 8.3미터나 쌓였다. 심지어 한여름에도 추크슈피체의 기상대는 눈이 가득 쌓여 있다는 소식을 전하곤 한다. 실제로 1974년 7월 초에는 눈이 4.8미터나 쌓였는데, 이는 이층집 높이에 해당한다. 한여름에 눈이 내리는 일도 흔하다. 산꼭대기에는 7월에만 눈이 아홉 번에서 열 번 정도 내리고, 8월 중순에야 눈이 완전히 녹는다.

유럽을 강타한 폭풍

사람들은 설탕 가루를 뿌린 것처럼 온 세상이 흰 눈으로 하얗게 덮인 성탄절을 소망한다. 하지만 1999년 성탄절에는 눈을 기대할 수도 없었다. 그해 겨울은 계절에 맞지 않게 너무 포근했고 바람조차 불지 않았다. 보덴 호수(독일, 오스트리아, 스위스에 걸쳐 있는 호수로 유럽에서 세 번째로 크다. 유럽 최고의 휴양지로 손꼽힌다.)에는 벌써 초봄 기운마저 감돌았다. 그때까지만 해도 사람들은 앞으로 닥칠 이변을 전혀 예견하지 못했다. 그저 벽에 걸린 기압계만이 특이한 현상을 보이고 있었다. 마치 고장이라도 난 것처럼 기압이 빠른 속도로 떨어지고 있었던 것이다.

독일 기상 관측소의 컴퓨터도 똑같았다. 전날 밤 자동 측정기는 에스파냐와 프랑스 사이에 위치한 바스크 지방의 기압이 세 시간 만에 20헥토파스칼(hpa : 기상학에서 쓰는 기압의 단위)이나 떨어졌다고 알렸다. 그때까지 그곳의 기압이 그토록 빨리 떨어진 적은 단 한 번도 없었다. 그런데도 컴퓨터는 극단적인 기압 하강 현상을 측정 오류로 여기고 무시해 버렸다. 대신 시속 90킬로미터의 폭풍이 올 거라고 예보했다.

그러나 다음 날, 정오를 알리는 종소리가 끝나자마자 보덴 호수 주변의 주민들은 끔찍한 경험을 하게 된다. 단순한 폭풍이 아니라 독일 남서부에서는 한 번도 겪어 보지 못한 무시무시한 대폭풍이 불어닥친 것이다. 이 엄청난 폭풍은 아름드리 나무들을 대번에 수 킬로미터 밖으로 내동댕이쳤다. 오래된 화산 지역인 호엔트빌에는 시간당 200킬로미터가 넘는 폭풍이 불었고, 호숫가에 인접한 라돌프첼에도 시속 167킬로미터나 되는 폭풍이 불었다. 시속 120킬로미터가 넘는 열대 저기압을 태풍이나 허리케인으로 정의한다는 점을 떠올려 보면 실로 엄청난 풍속이 아닐 수 없다.

이 '로타르'라는 이름의 폭풍은 서유럽과 중유럽을 완전히 강타했다. 사람들은 갑자기 하늘에서 떨어지는 지붕과 굵은 나뭇가지를 피해 집 안으로 들어가려고 안간힘을 썼다. 숲이 송두리째 힘없이 쓰러지고 건물이 파손되었다. 수없이 쓰러진 나무들이 차도를 가로막고 철로를 끊었다. 프랑스 북부, 스위스, 오스트리아, 독일 남서부에 바람으로 인한 전무후무한 피해가 발생했다. 로타르는 110억 유로가 넘는 경제 손실을 입히고, 복구 작업을 하다가 죽은 사람까지 포함해 110명의 희생자를 냈다. 사람들은 하나같이 이처럼 참혹한 비극은 평생 처음이었노라고 진술했다. 물론 그전에도 모든 것을 휩쓸어 버

2007년 베를린을 강타했던
키릴처럼 사나운 바람은 이따금
어마어마한 피해를 준다.

린 바람은 있었다. 그리고 로타르가 마지막도 아니었다. 2007년 1월에는 '키릴'이 유럽 전역을 강타했다. 무려 47명이 사망했으며 어마어마한 경제적 손실을 입었다.

이런 재해는 특히 10월 중순에서 3월 중순 사이에 중부 유럽에서 발생한다. 이 시기에 고지대인 북쪽의 찬 공기와 아열대의 따뜻한 공기 간의 온도 차가 크게 벌어지면서, 폭풍이 만들어지는 최적의 조건이 된다. 이 폭풍은 열대 저기압인 태풍이나 허리케인과는 달리 온대 저기압에 속하고, 대부분 대서양 해상에서 만들어진다. 과정은 이렇다. 북쪽에서 불어온 냉기류와 남쪽에서 온 따뜻한 공기가 만나 강력한 저기압대를 형성한다. 그 저기압대가 대륙 서쪽을 통해 상륙하면 유럽에 거센 바람이 불어닥치는 것이다. 물이 항상 위에서 아래로 흐르듯, 공기도 항상 고기압대에서 저기압대로 이동한다. 그리고 기압 차가 크면 클수록 바람의 세기도 강해진다. 그 결과 지붕이 날아가고 나무가 뿌리째 뽑히는 것이다.

강풍이 탄생하는 산

단순한 바람을 무시무시한 광풍으로 바꿔 놓는 것이 저기압과 고기압의 압력 차만은 아니다. 지형 자체가 바람을 공포의 대상으로 바꾸는 경우도 있다. 미국 동부 해안의 뉴햄프셔 주에 있는 워싱턴 산이 그렇다.

워싱턴 산 정상에서 눈보라 속을 걸으면 마치 누가 프라이팬으로 얼굴을 후려치는 것처럼 바람이 매서워서 늘 숨이 턱턱 막힐 정도다. 워싱턴 산 위에는 3일 중 하루 꼴로 태풍에 맞먹는 강풍이 분다. 이 윙윙거리는 자연의 폭력은 가끔 산 정상에 있는 날씨 관측소 건물을 아주 낮은 저주파에서 흔들리게 한다. 덕분에 공기 중으로 저음의 웅웅거리는 소리가 퍼지기도 한다. 미국인들이 워싱턴 산을 '세상에서 가장 날씨가 나쁜 산'이라 부르는 것도 괜한 말이 아니다.

워싱턴 산이 이런 악명을 얻게 된 건 정상이 주변에서 제일 높기 때문이다. 사실 워싱턴 산은 해발 1,917미터에 불과하지만 150미터에서 500미터에 불과한 야트막한 산들에 둘러싸인 가운데 홀로 우뚝 솟아 있다. 덕분에 워싱턴 산 주위에는 가까운 대서양에서 불어오는 바람을 막아 주는 방어막이 하나도 없다. 남동 해안 쪽을 바라보고

미국의 워싱턴 산에는 3일에 하루 꼴로 무시무시한 바람이 휘몰아친다.

있는 워싱턴 산의 넓은 계곡은 대서양에서 불어오는 바람을 좁은 산봉우리 쪽으로 곧장 밀어 올린다. 그런데 이때 상승하는 공기가 바로 위에 있는 공기층에 눌리면서, 일명 '정원 호스 효과'까지 발생한다. 이는 물 호스의 어느 한 부분을 꽉 누르면 물이 훨씬 더 빠른 속도로 뿜어 나오는 것을 말한다.

이 밖에 다른 이유까지 더해져 워싱턴 산은 바람에 관한 세계 신기록을 여럿 보유하고 있다. 1934년 4월 12일에는 우두머리라고 할 만한 강풍이 시속 372킬로미터의 속도로 산봉우리를 강타했다. 게다가 그곳에서 겨우 100킬로미터 떨어진 미국 동부 해안가로부터 밀려

들어온 바람이 대서양의 충분한 수분까지 빨아들이는 바람에 관측소 주변은 1년에 최소한 300일씩 뿌연 안개로 뒤덮인다. 이 습기는 산 표면을 살얼음처럼 만든다. 뿐만 아니라 한여름에도 평균 영하 2.8도의 기온에서 눈송이가 흩날린다. 기록을 세운 1968/1969년 겨울에는 14.39미터나 되는 눈이 쌓였다.

지구상에서 이만큼 극단적인 날씨를 볼 수 있는 곳은 양 극지방뿐이다. 그래서 미국 학자들은 남극에서 체류 연구를 하기 전에 워싱턴 산에서 극기 훈련을 한다. 등산가들 역시 에베레스트 산 정상에서 부는 폭풍에 대비하기 위해 이곳을 찾는다.

위험한 열대성 회오리바람

세상을 쑥대밭으로 만드는 위험한 폭풍은 이 밖에도 더 있다. 특히 열대 저기압 중 시속 120킬로미터가 넘는 강력한 바람은 엄청난 피해를 주며 때론 수천 명의 목숨을 앗아 가기도 한다.(열대 저기압은 풍속에 따라 열대 저압부, 열대 폭풍, 태풍 및 허리케인으로 나뉜다.)
지역에 따라 이 바람을 부르는 이름은 다양하다. 대서양이나 북태평양 동부에서는 허리케인이라고 부른다. 허리케인의 사촌 격으로 인도양에는 사이클론, 북태평양 서남부에는 태풍(=타이푼), 오스트레일리아에는 윌리윌리가 분다. 이름은 다르지만 이 파괴자들이 만들어지는 방법이나 발전하는 양상은 서로 비슷하다.

이 중 허리케인은 아프리카 서쪽 해안가의 멋진 휴양지에서 싹

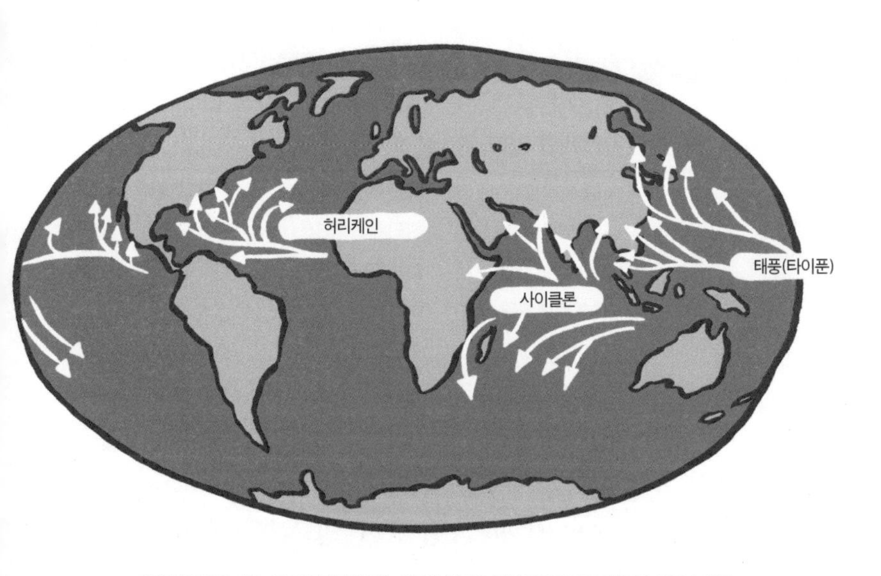

열대 저기압 중 시속 120킬로미터가 넘는 강력한 바람은 여러 지역에서 다양한 이름으로 불린다.

튼다. 대서양 바닷물은 섭씨 26도에서 27도만 되어도 수영하는 사람들에겐 너무 따끈따끈하다. 태양마저 휴양객들에게 뜨거운 빛과 열을 내리쬔다. 가스레인지 위에 올려놓은 국 냄비처럼 따뜻해진 바다의 공기는 습기와 함께 위로 상승하고 일정 높이가 되면 다시 차가워진다. 차가운 공기는 더 이상 습기를 머금지 못해 작은 물방울로 응결되기 시작한다. 작은 물방울이 모여 구름이 되고 곧 먹구름 기둥이 만들어진다.

그러나 가끔은 높은 대기층에 작은 저기압대가 만들어지면서 상층 기류와 함께 서서히 서쪽으로 이동한다. 그러는 동안 공기는 수증기를 품은 채 바다 위를 계속 떠돈다. 뜨거운 열대의 태양 때문에 수

20세기 큰 피해를 입힌 열대성 회오리바람

장소	때	폭풍 이름	피해액
아메리카	1989년 9월	허리케인 휴고	90억 달러
일본	1991년 9월	태풍 미레이	100억 달러
미국	1992년 8월	허리케인 앤드루	265억 달러
아메리카	1998년 9월	허리케인 조지	100억 달러
아메리카	1998년 10, 11월	허리케인 미치	55억 달러
아메리카	1999년 9월	허리케인 플로이드	40억 달러
아시아	1999년 9월	사이클론 바트	50억 달러

증기는 점점 더 많이 증발된다.

이때 갑자기 외부로부터 차가운 공기가 이제 막 생성된 허리케인의 중심으로 강력하게 몰려와 상승하는 따뜻한 공기를 대체한다. 지구가 자전하면서 이 기류와 뇌우 기둥에 힘을 실어 주어 바람이 소용돌이친다. 그러나 바람의 한가운데는 공기가 하강하면서 따뜻해져 점점 더 건조해진다. 그 결과 회오리의 눈 내부에는 폭풍이 그치고 기온이 상승하며 하늘에 별이 반짝거리거나 해가 방긋방긋 웃기도 한다.

이 신생 폭풍이 멀리 움직일수록 열대의 태양은 더 많은 에너지와 수증기를 밀어 넣고, 바람은 그 힘으로 더 빠르게 소용돌이치게 된다. 그리고 비교적 작은 규모의 바다에서는 수온이 섭씨 26도 이상

2002년 허리케인 켄나가 태평양을 넘어 멕시코를 강타했다.

되는 수면이 넓지 않기 때문에 강력한 회오리가 거의 발생하지 않는다. 하지만 인도양이나 북태평양 서남부는 6월에서 11월 사이에 수온이 특히 높기 때문에 허리케인만큼 강력한 사이클론과 태풍이 발생한다.

지상에서 부는 회오리바람, 토네이도

회오리바람이 비단 열대 지역에서만 만들어지는 것은 아니다. 미국 중남부에서 일어나는 강력한 회오리바람인 토네이도는 열대성 회오리바람보다 훨씬 작지만 그 일대를 싹쓸이해 버린다. 먹구름과 땅 사이에서 수직의 바람기둥이 소용돌이치며 엄청난 먼지와 잔해를 만들어 내는 것이다.

토네이도가 지나가면 반경 수백 미터 내에는 돌멩이 하나도 남지 않는다. 소용돌이는 평균 10분 정도면 사라지지만 비극적인 결과를 가져올 때가 많다. 바람기둥의 맨 아래쪽은 자동차도 날려 버리고 건물을 통째로 들어 올릴 수도 있다. 토네이도를 만나면 목숨마저 위태롭다.

미국은 토네이도의 본고장이다. 특히 텍사스에서 남쪽으로 오클라호마, 캔자스, 네브래스카 주에서 아이오와, 미주리 주에 이르는 지역에 토네이도가 자주 분다. 해마다 무려 500개에서 600개나 되는 무시무시한 회오리바람이 지나가는 터라 미국인들이 이 지역을 '토네이도 길'이라 부르는 것도 결코 과장이 아니다.

1999년 미국 오클라호마 주를 강타한 토네이도

하지만 세계 다른 지역에도 이런 회오리바람이 지나간다. 유럽도 예외는 아니다. 2004년 6월 23일, 작센안할트 주의 작은 시골 마을 미헬른에 시속 300킬로미터나 되는 회오리바람이 들이닥쳐 반경 200미터를 가혹하게 휩쓸었고 수많은 건물들을 파괴했다. 다행히 사망자는 없었다.

현대의 기상학자들은 토네이도가 형성되는 기본 조건을 일부 밝혀냈다. 가장 중요한 조건은 지면 가까이에 있는 습하고 따뜻한 공기이다. 이 공기가 떠오르면서 먹구름이 만들어진다. 다음 조건은 바람이다. 높은 곳의 바람이 지면의 바람보다 더 강하게, 다른 방향에서 불어와야 한다. 그러면 바람이 상승하는 공기를 회전시켜 뱅글뱅글 도는 바람을 만들어 낸다. 구름의 밑부분이 돌기 시작하고, 이 움직임이 구름과 지면 사이의 좁은 부분을 붙잡으면 전형적인 기둥 모양의 토네이도가 만들어진다. 내부의 압력이 떨어지면 습한 공기로부터 물방울이 응축되고 위험한 형상이 가시화된다. 이 회오리의 아랫부분이 지면에 닿자마자 먼지와 물체까지 휘감아 올리면서 뚜렷한 형체를 만들어 내는 것이다.

이로써 토네이도가 탄생하는 방법에 대해서는 다 안 것 같지만 사실은 아니다. 이런 회오리바람이 만들어지는 데에는 몇 가지 알려지지 않은 조건들이 더 있다. 똑같은 조건에서도 어떨 땐 토네이도가 발생하고 어떨 땐 발생하지 않는지에 대해 지금까지 어떤 기상학자도 설명하지 못하고 있다. 토네이도의 탄생은 기상학자들이 아직 못 푼 수수께끼들 중 하나이다.

토요일이 되면 비가 내리는 이유

하지만 기상학자들은 다른 기후 현상들에 대한 수수께끼 중 몇몇은 풀기도 했다. 얼마 전에 꼭 주말에만 유난히 날씨가 궂은 것 같다는 의심을 과학적인 설명으로 풀어낸 것이다. 카를스루에 연구 센터의 과학자들은 토요일이 되면 다른 평일들에 비해 비가 8퍼센트 더 많이 내린다는 사실을 알아냈다. 반면 월요일은 토요일보다 평균 15분 정도 일조 시간이 더 길다. 따라서 날씨의 신은 미용사를 더 사랑하는 것처럼 보인다. 미용사들은 날씨가 궂은 토요일에는 일을 하지만 쉬는 날인 월요일에는 햇빛을 즐길 수 있기 때문이다.

그러나 신이 미용사를 사랑하는 것과 월요일의 일조 시간이 긴 것과는 아무 상관이 없다. 다시 일터에 나가는 화요일이 월요일보다 일조 시간이 1~2분 정도 더 기니까.

노동조합이 쉬는 날을 화창한 월요일이나 화요일로 바꾸자고 하면 어떨까? 우선 기온을 살펴보면 일주일 중 가장 따뜻한 날은 수요일이며, 비가 자주 내리는 토요일에 비해 0.19도나 더 높다는 사실을 알게 될 것이다.

그런데 왜 이런 현상이 일어나는 걸까? 카를스루에 연구원들은 이미 의심스러운 원인 한 가지를 찾았다. 그건 바로 에어로졸이다. 에어로졸이란 공기 중에 떠돌아다니는 1밀리미터의 1,000만 분의 1에서 1만 분의 1 크기 사이의 먼지나 작은 물방울을 뜻한다. 이 입자는 석탄이나 기름을 태울 때 발생하는 것으로, 주로 자동차나 공장 굴뚝에서 나오는 배기가스에서 발생한다. 꽃가루나 버섯, 박테리아 포자도 천연 에어로졸에 속한다.

당연히 자연은 특정 요일을 가리지 않고 일주일 내내 항상 일정한 양의 에어로졸을 내보낸다. 반면 공장들은 주중에 가동되기 때문에 인공적인 에어로졸은 주말보다 주중에 더 많이 나온다. 또 주중에는 교통량도 더 많다. 따라서 오늘날의 도시는 주말보다 주중에 더 많은 에어로졸을 내뿜는 것이다.

그런데 재미있는 것은 이 작은 입자들이 날씨와 기후에 영향을 준다는 사실이다. 까만 숯 먼지는 햇빛을 잘 흡수해서 열을 저장한다. 그 때문에 숯 먼지-에어로졸은 기온을 올라가게 만든다. 수요일의 온도가 일주일 중 가장 높은 이유는, 공장과 자동차가 최고로 가동되면서 시꺼먼 숯 먼지를 내뿜은 결과일 수 있다. 또 에어로졸은 구름을 형성해서 심지어 비를 내리게 할 수도 있다. 이 작은 입자들이 빙정핵 역할을 해서, 습기가 빙정핵에 달라붙어 구름이나 안개가 된다. 수증기가 점점 더 많이 달라붙으면 더욱 무거워져서 비가 되어 떨어지는 것이다.

따라서 미용사들에게 호의적인 날씨는 공장과 자동차가 특히 많은 에어로졸을 내뿜는 곳에서 가장 두드러져야 한다. 하지만 사실은 그렇게 간단하지 않다. 공기 중 부유물이 많은 베를린이나 뒤셀도르프 또는 프랑크푸르트 같은 대도시에서는 실제로 수요일 기온이 토요일보다 높지만, 산업 시설이 없는 오버바이에른(독일의 바이에른 주는 크게 네 지역으로 나뉜다. 주의 수도인 뮌헨이 있는 남부 지역인 '오버바이에른', '니더바이에른', '프랑켄', '바이에른 슈봐벤'이다.)의 호엔 파이센베르크나 추크슈피체 산에서도 같은 현상이 나타나기 때문이다.

하지만 이런 현상이 발생하는 이유도 다음과 같이 설명될 수 있다. 슈투트가르트나 뮌헨 근처의 밀집 지역 또는 어쩌면 이탈리아 밀라노나 토리노에서 많은 에어로졸이 공기 중에 모였다가 바람을 타고 추크슈피체 산까지 올 수 있다. 이러한 시간 차 때문에 아마도 공장들이 전혀 가동되지 않는 토요일에 비가 가장 많이 내리는지도 모른다.

독일 북서부 헬골란트 섬도 이 설명에 딱 들어맞는 모델이다. 이곳은 요일별 기온 차가 가장 적다. 왜냐하면 헬골란트는 육지에서 멀리 떨어진 바다 위에 있어서 거대한 에어로졸의 소용돌이로부터 벗어나 있기 때문이다.

대한민국은 어떨까?

- 1일 최대 강우량 기록은 강릉이 가지고 있다. 2002년 8월 31일 하루 동안 870.5밀리미터의 폭우가 쏟아졌다.
- 1일 최대 적설량 기록은 1955년 1월 20일 울릉도에서 관측된 150.9센티미터다. 누적 적설량 기록도 울릉도가 가지고 있는데, 1962년 1월 31일에 293.6센티미터를 기록했다.
- 최대 순간풍속 기록은 2006년 10월 23일 속초에서 관측된 초당 63.7미터다.
- 최악의 재산 피해를 낸 태풍은 2002년 8월 말에서 9월 초에 들이닥친 '태풍 루사'로 5조 1,479억 원의 피해를 냈다. 최악의 인명 피해를 낸 태풍은 1936년 8월에 들이닥친 '3693호 태풍'으로 1,232명이 죽거나 실종됐다.

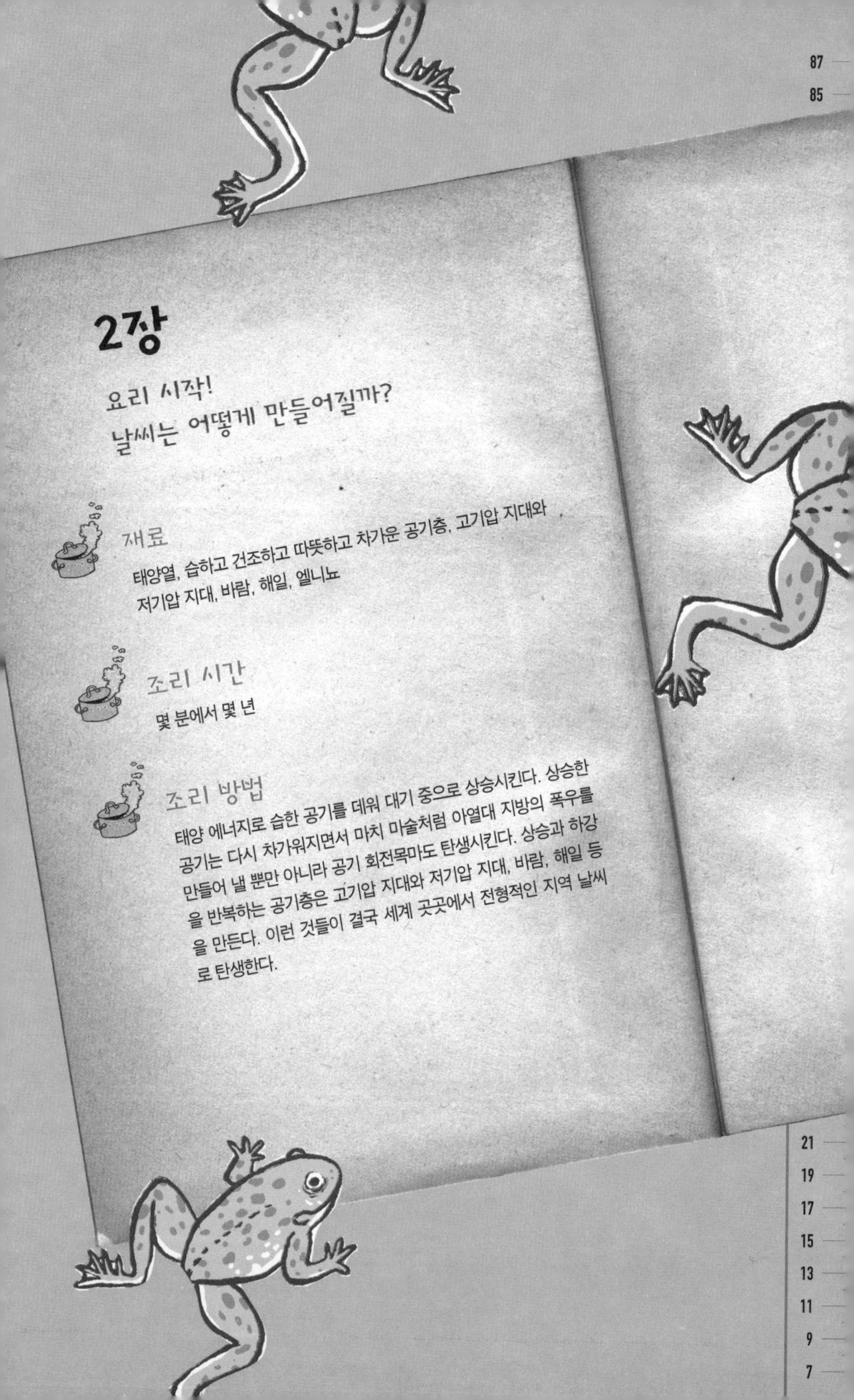

2장

요리 시작!
날씨는 어떻게 만들어질까?

재료

태양열, 습하고 건조하고 따뜻하고 차가운 공기층, 고기압 지대와 저기압 지대, 바람, 해일, 엘니뇨

조리 시간

몇 분에서 몇 년

조리 방법

태양 에너지로 습한 공기를 데워 대기 중으로 상승시킨다. 상승한 공기는 다시 차가워지면서 마치 마술처럼 아열대 지방의 폭우를 만들어 낼 뿐만 아니라 공기 회전목마도 탄생시킨다. 상승과 하강을 반복하는 공기층은 고기압 지대와 저기압 지대, 바람, 해일 등을 만든다. 이런 것들이 결국 세계 곳곳에서 전형적인 지역 날씨로 탄생한다.

눈부신 햇살과 휘몰아치는 비바람, 반짝이는 눈, 우두둑 떨어지는 우박, 채찍처럼 매섭게 후려치는 폭풍, 살이 에는 추위처럼 날씨 조리실에서 만들어지는 요리는 참으로 다양하다. 어쩌다 2, 3년에 한 번씩 나오는 요리가 있는가 하면 특정 지역에서만 볼 수 있는 요리도 있다. 그런데 대체 누가 어떤 계절에 무슨 요리를 내놓을지 결정하는 걸까?

날씨를 만드는 조리실의 최고 주방장은 바로 공기에 영향을 주는 태양열이다. 햇빛은 구름이 없는 청명한 날 지면으로 쏟아질 때, 동일한 에너지를 낸다. 하지만 똑같은 면적의 지면이라도 해의 위치에 따라 받는 햇빛의 양은 다르다. 해가 높이 뜰수록 지면이 받는 햇빛의 양이 늘어난다.

가령 열대 지방의 정오, 즉 해가 지평선에 수직으로 떠 있을 때, 손바닥만 한 지면이 받는 햇빛이 100이라고 치자. 그러나 다른 시간대 또는 다른 지역에서 해와 지평선의 각도가 45도라면 같은 면적의 지면에 쏟아지는 햇빛의 양은 기껏해야 50이다. 또 중부 유럽의 12월 낮에 태양은 지평선과의 각도가 20도도 되지 않기 때문에 햇빛의 양은 22에도 못 미친다. 따라서 같은 면적의 땅을 비교했을 때 열대 지방이 독일의 겨울에 비해 에너지를 4배나 더 많이 받는다. 열대 지방의 성탄절 연휴가 유럽의 성탄절 연휴보다 훨씬 따뜻한 이유는 바로 이 때문이다.

축축한 열대 우림과 건조한 사하라 사막

열대의 강렬한 햇살은 기온만이 아니라 더 광범위한 영역에 영향을 준다. 가령 적도 부근에 정기적으로 폭우가 내리는 것도 열대의 태양이 가진 힘 때문이다. 적도 부근에서 태양열을 받아 따뜻해진 공기는 서서히 상승한다. 이와 동시에 바다나 식물들이 품고 있던 수분이 증발한다. 이렇듯 열대 지방의 낮 동안에는 습하고 따뜻한 공기가 지면에서 위로 계속 상승한다. 공기를 떠나보낸 지면은 공기 부족으로 저기압이 형성되는 경우가 많다. 열대의 태양이 지평선과 수직을 이루는 적도 위로 수백 제곱킬로미터나 되는 저기압 지대가 지구 둘레를 따라 마치 벨트처럼 길게 형성된다. 기상학자들은 이 지역을 '적도 저기압대'라고 부른다.

고도가 높을수록 기온은 낮아진다. 따라서 지면에서 증발해 공기와 함께 상승하던 수증기는 다시 물로 변하거나 얼어붙는다. 이때 처음에는 아주 적은 양의 응결핵(대기 중에서 수증기의 응결 중심이 되는 미립자)이나 빙정핵(공기 속의 수증기가 빙정을 만들 때 승화의 중심이 되는 고체 미립자)만 공기 중으로 떠다니면서 서서히 구름을 만든다. 그러나 공기가 높이 상승하면 할수록 이 응결핵이나 빙정핵에 점점 더 많은 수증기가 들러붙어 점점 무거워진다. 그러다가 너무 무거워서 더 이상 구름 속에 머물 수 없게 되면 지면으로 떨어지는 것이다. 열대 지역에서는 얼음 알갱이도 금세 녹아 버리기 때문에 강력한 열대성 비인 스콜이 내린다.

부지런히 상승하던 기류 엘리베이터는 지면으로부터 약 15킬로미터 상공에서 멈춰 선다. 이 높이에서 공기는 지면에서 빨아들인 모든 에너지를 주변이나 열대성 폭우로 방출해 버리기 때문에 더 이상 상승하지 않는다. 대신 수직 형태의 기류는 남쪽이나 북쪽으로 나뉘어 수천 킬로미터씩 흘러간다. 그러면서 공기는 점점 더 차가워지고 무거워져 위도 30도 부근에서 다시 하강한다. 아래로 많이 하강할수록 공기는 다시 급격히 데워지기 때문에 원래는 수증기도 그만큼 많이 빨아들일 수 있다. 하지만 이 지역의 지면에는 더 빨아들일 수분이 없어서 습도는 점점 더 떨어진다. 그래서 이 지역에서는 구름이나 비가 거의 내리지 않는다. 이 하강 기류가 북반구에서는 사하라 사막과 아라비아 사막으로 이동하고, 남반구에서는 거대한 오스트레일리아 사막으로 이동한다. 하강 기류는 이 지역에서 지면의 기압을 상승시켜 넓은 고기압권을 형성한다.

늘 같은 방향으로 부는 무역풍

적도 부근의 저기압 지대와 남위 30도와 북위 30도 부근의 고기압 지대는 날씨 조리실에서 만드는 다른 요리의 재료이기도 하다. 이를 재료로 만든 요리가 바로 지구에서 광범위한 지역의 날씨에 영향을 미치는 무역풍이다.

공기는 고기압에서 저기압으로 흐른다. 따라서 공기는 북반부건 남반구건 적도를 향해서 분다. 하지만 지구는 하루에 한 번씩 자전을 하기 때문에 바람은 그 영향을 받아 서쪽으로 기울어지면서 분다. 따라서 북반구에서는 바람이 북동쪽에서 남서쪽으로, 남반구에서는 남동쪽에서 북서쪽으로 적도를 향해 일정하게 바람이 분다.

수백 년 전 선원들은 늘 거의 같은 방향으로 부는 이 바람을 '무역풍'이라 불렀다. 그들은 이 한결같은 바람 덕분에 아메리카 대륙으로 항해할 수 있었다. 오늘날에도 많은 요트의 선주들이 빠르게 대서양을 횡단하기 위해 이 무역풍을 타고 이동한다.

그러나 평생 돛단배 같은 것은 타 볼 일이 없는 사람들에게도 이 바람은 중요하다. 무역풍은 여행 경로에 따라 건조할 수도 있고 비를 뿌릴 수도 있다. 북동 무역풍이 사하라 사막 위로 불 때는 건조한 사막에서 빨아들일 수증기가 거의 없기 때문에 그 대신 열기만 잔뜩 흡수한다. 그래서 사하라 사막 남쪽으로는 비교적 건조하고 따뜻한 사헬 지대가 펼쳐진다. 반면 열대 부근 대서양 위로 부는 무역풍은 바다로부터 많은 양의 수분을 빨아들이지만 열은 별로 얻지 못한다. 이 바람이 아메리카 해안에 도달하면 습한 공기는 살짝 상승하면서 냉각되어 많은 비를 뿌린다.

무역풍은 공기뿐만 아니라 바닷물도 움직인다. 대서양에서는 무역풍 때문에 아프리카 해안의 물이 적도를 향해 흘러간다. 이때 무역풍은 중요한 해류 두 개를 만든다. 벵겔라 해류는 남동쪽으로부터 깨끗한 물을 북쪽으로 이동시키고, 북동쪽에서는 카나리아 해류가 물을 남쪽으로 이동시킨다. 또 손실된 양만큼 물을 보충하기 위해 열대 아프리카 해안에서는 심해로부터 차가운 물이 위로 솟아오른다. 이

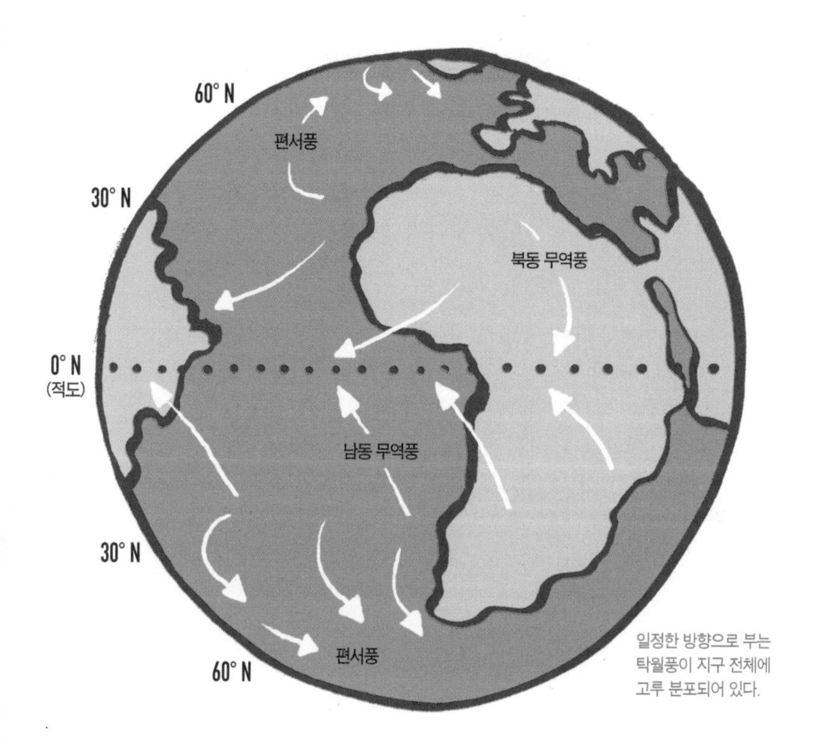

일정한 방향으로 부는 탁월풍이 지구 전체에 고루 분포되어 있다.

심해의 물은 카나리아 해류를 비교적 차갑게 식혀서 카나리아 군도로 보낸다. 이글거리는 사막으로부터 그다지 멀지 않은 카나리아 군도에 거의 1년 내내 봄 같은 날씨가 계속되는 것은 바로 차가운 카나리아 해류 덕이다.

무역풍이 가져오는 **폭우와 열기**

무역풍이 끼치는 영향은 여기에서 끝이 아니다. 무역풍은 아프리카의 서쪽 해안에서와 마찬가지로 남아메리카의 서쪽 해안에서도 태평양의 물을 서쪽으로 몰아간다. 그러면 또 심해로부터 찬물이 위로 솟아올라 부족한 물을 보충한다. 그래서 이곳은 늘 섭씨 24도 정도로 상당히 시원하다. 따라서 남아메리카 해안 앞에 있는 수천 킬로미터에 이르는 갈라파고스 제도 역시 카나리아 군도처럼 비교적 온화한 날씨가 계속된다. 또 대서양과 비슷하게 태평양의 서쪽 수면이 동쪽 수면보다 40센티미터가량 더 높다.

서쪽으로 꾸준히 부는 무역풍은 태평양을 건너면서 바다로부터 수분을 빨아들일 시간이 충분하다. 인도네시아 부근에서 이 습한 공기 덩어리는 남아메리카 쪽으로 부는 서풍과 만난다. 이때 두 기단이 서로 비껴 갈 수 있는 방향은 오직 하나, 위로 올라가는 것이다. 위로 올라간 공기는 냉각되어 인도네시아에 아주 전형적인 열대성 폭우를 쏟아붓는다.

그런 다음 공기는 9~12킬로미터 상공에서 다시 동쪽으로 흘러간다. 이렇게 넓은 태평양을 지나가면서 공기는 냉각되어 무거워져선 결국 남아메리카 해안에서 다시 하강한다. 그리고 이제 페루와 칠레의 태평양 연안에서 사하라에서와 똑같은 현상이 발생한다. 기단이 깊이 하강하면 할수록 습도도 내려간다. 따라서 에콰도르와 페루 국경에서부터 거의 칠레 중부까지 사막이 긴 띠를 잇게 된다. 이곳은 지구에서 가장 건조한 곳 중 하나로, 물을 저장한 땅이 거의 없다.

사하라 사막에서와 마찬가지로 이 사막 위로 하강하는 공기는 거의 지속적인 고기압권을 형성한다. 반면 인도네시아 상공에서는 기단이 상승하기 때문에 보통은 기압이 낮다. 이 열대 태평양의 동쪽과 서쪽의 기압 차를 줄이기 위해 공기는 기압이 높은 곳에서 낮은 곳으로, 즉 남아메리카에서 인도네시아 쪽으로 이동하기 시작한다. 그리고 이 공기가 기류와 해류 현상을 더 강하게 만든다. 그 결과, 전체적으로 거대한 순환이 발생한다. 공기는 동쪽에서 서쪽으로 바다 위를 흘러갔다가 일정 고도에 이르면 다시 남아메리카로 돌아오는 것이다.

무역풍이 세운 두 제국, **극지방**

무역풍은 열대성 폭우와 건조한 사막을 만들고, 북위 30도와 남위 30도 사이의 기류와 해류를 움직인다. 동시에 양 극지방에 또 하나의 넓은 제국을 만들었다.

북극과 남극은 1년 중 반은 해가 지평선 위로 낮게 떠 있을 뿐이고, 겨울에는 완전히 깜깜하다. 일조량이 적다 보니 이곳의 땅과 바다, 공기가 적도에 비해 엄청나게 추운 것은 당연하다. 이곳에서는 차가운 공기가 하강하기 때문에 지속적으로 고기압 지대가 유지된다. 고기압의 차가운 공기는 적도 방향으로 흐르는데, 역시 지구가 자전하므로 그 영향을 받아 바람이 휘어져 분다. 이를 극동풍이라 하는데, 북반구에서는 북동쪽에서 남서쪽으로, 남반구에서는 남동쪽에서 북서쪽으로 분다.

북극과 남극의 차가운 바람은 적도로 다가갈수록 태양열과 뜨거운 지면 때문에 따뜻해지다가 위도 60도 부근에서 상승하기 시작한다. 바로 여기쯤에 스칸디나비아 반도가 있는데, 그중 노르웨이 해안에 강수량이 특히 많다. 왜냐하면 따뜻해져서 떠오른 공기 중 일부가 북쪽으로 되돌아가면서 다시 차가워지는데, 이때 공기와 함께 끌려왔던 수증기가 비나 눈으로 내리기 때문이다.

이 밖에 극지방과 적도라는 거대한 두 공기 바퀴 사이에도 제3의 바람 지대, 즉 편서풍 지대가 있다. 이곳에서 지면의 공기는 극지방으로 움직인다. 극지방에서 지구는 더 천천히 돌기 때문에 북반구에서 바람은 남풍에서 재빨리 남서풍으로 바뀐다. 보통 동풍이 부는 다른 지역들과 달리 북반구의 위도 70도쯤 되는 곳, 예를 들어 중부 유럽쯤에는 대개 서풍이 분다.

북서쪽에서 불어온 바람이 추운 북대서양을 지나면서 차고 습한 공기를 만나면 독일을 비롯한 중부 유럽 사람들은 맵찬 비바람에 덜덜 떨게 된다. 반면 바람의 방향이 바뀌어 남서쪽에서 불어오면 에스파냐나 카나리아 군도를 지나면서 따뜻해진 공기가 중부 유럽까지 들어온다. 이때 공기는 바다를 건너면서 많은 수분을 빨아들인 뒤 북쪽으로 가서 비나 소나기로 내뱉는다.

반면 스칸디나비아 반도 위로 고기압권이 형성되고 중부 유럽으로 동풍이 불면 상황은 완전히 달라진다. 2003년 여름에 이런 상황이 닥쳤는데, 그 결과 중부 유럽은 기록적인 폭염을 맞았다. 강렬한 여름 태양에 달궈진 드넓은 시베리아에서 열기를 품은 뜨거운 바람이 불어와 유럽을 덮친 것이다. 그러면 중부 유럽은 시원한 비가 쏟아지기만 간절히 원하게 된다. 하지만 그런 희망은 이뤄지지 않는다. 왜냐하면 동쪽에서 불어오는 바람은 비를 만들 만큼 충분한 습기를 빨아들일 바다가 없기 때문이다. 반면 겨울이 되면 시베리아는 거대한 냉장고로 변한다. 차가운 기운은 시베리아 고기압을 만들어 내고, 이 고기압이 스칸디나비아를 넘어 중부 유럽으로 얼음처럼 차가운 대륙 바람을 보낸다. 이제 호수는 추운 밤사이 서서히 얼어붙는다.

그러니까 중부 유럽에는 포근한 날부터 살을 에는 추운 날씨, 가뭄에서 장마에 이르기까지 상당히 다양한 날씨가 존재한다. 회전하는 바람뿐만 아니라 광범위한 기압의 특수성도 이러한 다양성에 영향을 주는데, 기상학자들은 이를 '극전선'이라 부른다. 극전선은 따뜻하고 습한 남서풍이 건조하고 차가운 북동풍과 만나는 위도 60도 내지 70도 부근에서 발생한다. 차가운 공기와 따뜻한 공기 사이에 극전선이 만들어지고 공기는 상승해 비를 뿌린다. 그런데 이 전선은 일직선 형태가 아니라 네 개 내지 여섯 개의 길게 늘어진 물결 모양으로 지구 둘레를 감싸고 있다. 그리고 어떤 지역에서는 상당히 북쪽으로 치우쳐 있고 또 어떤 지역에서는 남쪽으로 내려와 있다. 물결의 마루와 골은 늘 같은 곳에 고정되어 있는 것이 아니라 서풍과 함께 지구 둘레를 떠돈다. 이렇게 해서 중위도 지역들은 가끔 전선의 북쪽에 놓여 차가운 극풍을 맞기도 한다. 그러다가 며칠이 지나면 같은 지역이 극전선의 아래쪽으로 들어가면서 열대로부터 따뜻한 바람이 불어온다. 바로 이 때문에 중부 유럽의 날씨는 변화무쌍하고 예측하기가 상당히 어렵다.

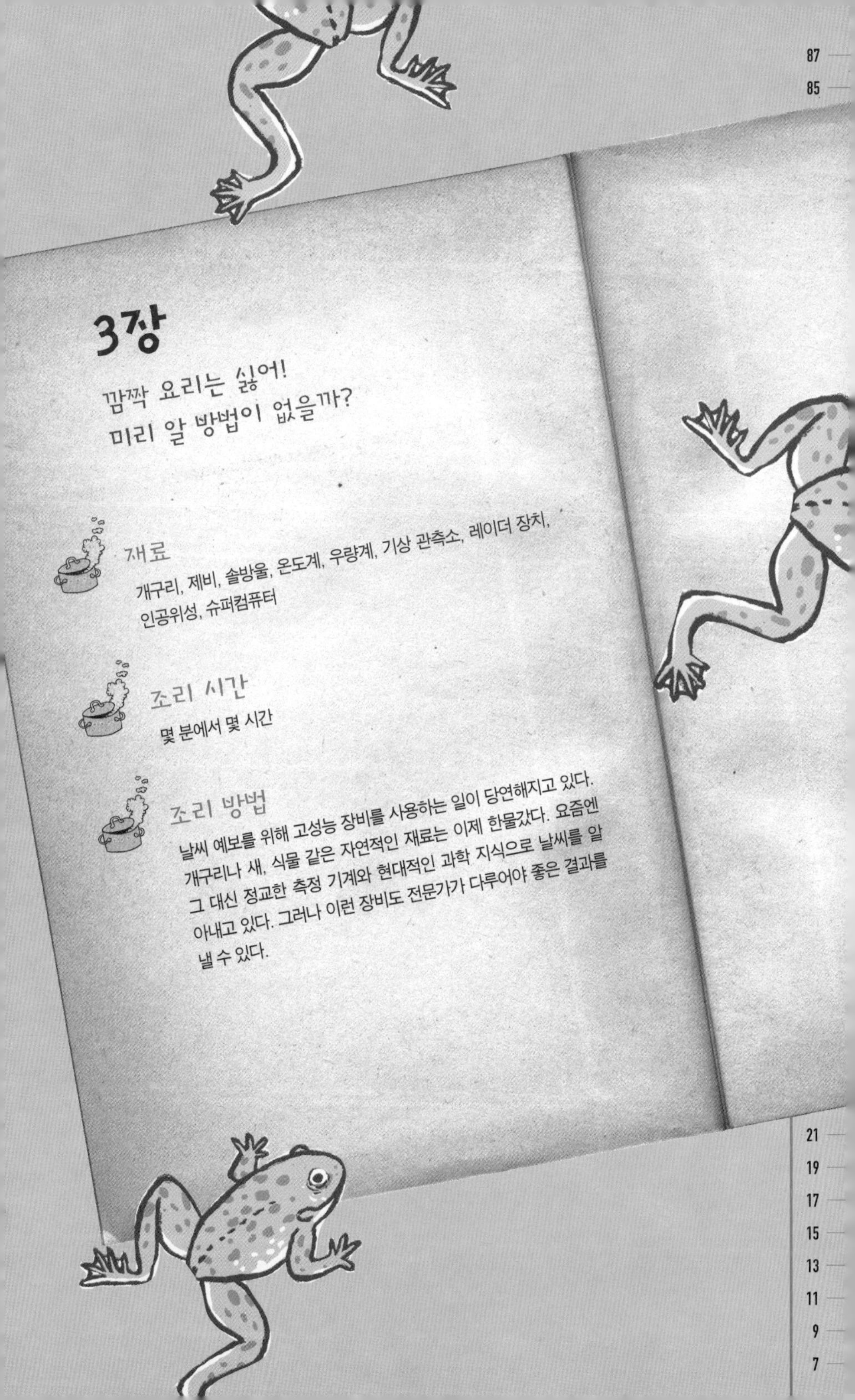

3장

깜짝 요리는 싫어! 미리 알 방법이 없을까?

재료

개구리, 제비, 솔방울, 온도계, 우량계, 기상 관측소, 레이더 장치, 인공위성, 슈퍼컴퓨터

조리 시간

몇 분에서 몇 시간

조리 방법

날씨 예보를 위해 고성능 장비를 사용하는 일이 당연해지고 있다. 개구리나 새, 식물 같은 자연적인 재료는 이제 한물갔다. 요즘엔 그 대신 정교한 측정 기계와 현대적인 과학 지식으로 날씨를 알아내고 있다. 그러나 이런 장비도 전문가가 다루어야 좋은 결과를 낼 수 있다.

내일 날씨는 어떨까? 사람들은 수천 년 전부터 이 문제로 고민해 왔다. 예전에는 가족의 삶이 날씨에 따라 좌지우지되었다. 파종과 수확 시기를 놓치거나, 갑자기 닥친 한파나 우박 때문에 농사를 망치면 이듬해 식량이 없어 삶이 고달파졌다. 긴 도보 여행을 하는 사람들도 비와 우박 따위를 만나고 싶지는 않았을 것이다. 시대를 불문하고 사람들은 늘 자연을 관찰하면서 앞으로 어떤 날씨가 닥칠지 힌트를 얻고자 했다.

한편으로는 날씨 때문에 동물들이 곤경에 처하기도 했다.

개구리와 화장실을 이용한 날씨 예보

예전에는 수많은 청개구리들이 작은 사다리가 달린 좁은 유리병 안에서 생을 마감해야 했다. 왜냐하면 옛날 사람들은 청개구리가 날씨를 예견해 준다고 믿었기 때문이다. 청개구리가 사다리 위로 올라오면 날이 화창하고 유리병 바닥에 있으면 비가 올 거라고 믿었다.

왜 이런 믿음을 갖게 되었을까? 개구리 예보를 믿는 사람들은 분명 이 작은 양서류가 평소 어떻게 행동하는지 알고 있었던 게 틀림없다. 실제로 개구리는 날씨에 따라 다르게 행동한다. 하지만 그건 자연 상태에 있을 때만 그렇다. 자연에서 개구리는 늘 먹이를 찾아다니는데, 습한 날씨에는 지면에서도 파리나 다른 곤충을 충분히 찾을 수 있다. 반면 건조하고 햇볕이 뜨거운 늦여름 날에는 곤충들이 나무

잎사귀 위에 있다. 그래서 개구리는 빨판이 달린 발바닥으로 먹이를 쫓아 식물 위로 기어올라야 한다. 또 개구리는 피부가 유난히 민감해서 약간의 수분 변화도 금세 감지하고 반응을 보인다.

여기까지만 들으면 개구리 아이디어가 그럴듯해 보인다. 하지만 병 속에 갇힌 개구리는 바깥 습도를 잘 감지할 수 없다는 데 문제가 있다. 스스로 먹이를 잡기보다 사람이 주는 먹이를 먹는 것도 문제다. 결국 개구리가 사다리를 기어오르는 건 날씨와 아무런 상관이 없고, 그냥 갇혀 있는 게 싫어서 도망치는 중일 뿐인 것이다.

이보다 좀 더 믿을 만하면서도 동물 애호적인 방법으로는 특정한 새를 관찰하는 방법이 있다. 가령 흰죽지수리가 뱅글뱅글 돌면서 하늘 높이 올라가면 불가리아 사람들은 곧 천둥 번개와 비가 오리라고 짐작한다. 그래서 불가리아에서는 이 무시무시한 맹금류를 '폭풍우의 주인'이라 부른다. 흰죽지수리로 폭우를 미리 알 수 있는 이유는, 폭풍이 오기 전에 상승 기류가 흔히 발생하기 때문이다. 흰죽지수리는 이 상승 기류를 타고 하늘 높이 날아오른다.

다른 한편으로 저공비행을 하는 새도 흥미롭다. 제비가 땅 가까이 바싹 붙어서 날면 농부들은 비가 올 징조라고 생각했다. 이 믿음도 어느 정도 일리가 있다. 왜냐하면 청개구리처럼 제비도 날벌레를 먹고살기 때문이다. 날벌레는 날씨에 따라 허공이나 땅 가까이 날아다닌다. 건조하고 화창한 날에는 지면으로부터 따뜻한 공기가 상승하면서 가벼운 날벌레도 딸려 올라간다. 그래서 제비도 벌레를 쫓아 높게 날아오른다. 반면 천둥 번개가 치거나 비가 내릴 때는 습도가 높아지고 때론 바람도 분다. 이런 날 날벌레는 땅 가까이에 붙어 있으려고 한다. 그래서 제비도 벌레를 쫓아 땅 가까이 저공비행을 하는 것이다. 그러나 이 규칙에도 예외는 있어서 제비의 날씨 예보가 늘 맞지는 않는다.

한편, 전나무나 소나무의 솔방울이 날씨 변화를 알려 주기도 한다. 따뜻하고 건조할 때 솔방울은 비늘을 활짝 벌려 속에 숨겼던 씨앗을 내놓는다. 따뜻하고 건조한 날이어야 씨앗이 싹을 틔우기에 좋기 때문이다. 반면 비가 내릴 것 같으면 솔방울은 금세 반응한다. 습기가 늘어날수록 비늘의 바깥 부분이 안쪽보다 더 많이 부풀면서 닫혀 버리는 것이다. 실제로 솔방울의 비늘은 비가 내리기 한참 전에 닫힌다. 이 현상은 수백 년 전이나 지금이나 한결같다.

반면 날씨에 관한 또 다른 전통적인 믿음 하나는 세월이 지나면서 한물가 버렸다. 옛날 사람들은 "뒷간에서 냄새가 진동하면 비가 온다."고 말했다. 이 말은 수세식 화장실이 없었던 시대에 나온 말이다. 뒷간에 버려지는 것들이 구덩이 속으로 떨어지면 이것을 박테리아가 서서히 분해한다. 날이 흐려져 기압이 떨어지면 구덩이 속은 산소가 부족해지는데, 이는 박테리아가 더 잘 번식할 수 있는 최적의 조건이 된다. 그래서 더욱 활발해진 부패 작업이 심한 악취를 불러오는 것이다.

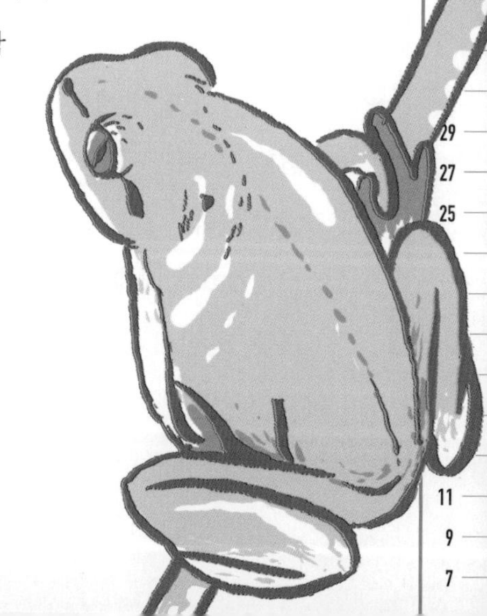

날씨를 예언하는 신기술

오늘날 특히 산업 국가들은 날씨를 예측하기 위해 개구리나 솔방울, 악취 나는 변소에 의존하지 않는다. 그러기에는 더 정확한 일기 예보를 원하는 사람들이 너무나 많기 때문이다.

특히 경제계에서 정확한 일기 예보는 현금만큼의 가치를 지닌다. 가령 어느 공항에 언제 뇌우가 쏟아질지 정확히 계산할 수 있다면, 항공사들은 비행기가 되도록 뇌우를 피해서 도착하도록 조절할 것이다. 그렇게 되면 연착으로 새 나가는 어마어마한 비용을 줄일 수 있다. 미국에서만 날씨로 인한 지연 때문에 연간 약 30억 달러가 낭비되고 있다. 일례로 미 항공 당국이 1990년대 말에 시도했던 방법은 효과가 있었다. 올랜도와 댈러스, 시카고, 뉴욕의 공항들에 시범적으로 새로운 기상 관측기를 설치한 결과, 항공기 이착륙 지연으로 인한 손실이 10~40퍼센트까지 줄어든 것이다.

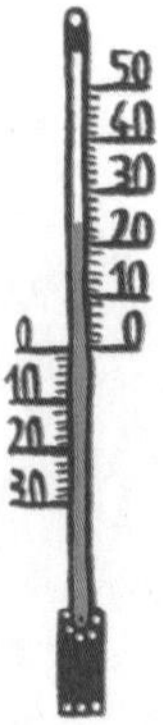

다른 분야도 비슷하다. 운송업자들이 안개가 짙게 낀다거나 눈이 온다는 예보를 받으면 수송차를 좀 더 빨리 출발시키거나 우회시킬 수 있을 것이다. 농부들도 더 이상 전통적인 농부들의 법칙을 따르지 않고 일기 예보에 따라 파종하거나 수확할 수 있다. 일상생활에서도 사람들은 가든파티 때 혹시 우박이 내리지는 않을지 미리 알고 싶어 한다.

그러나 미래를 내다보고 싶은 사람이라면 그 전에 먼저 현재 날씨를 잘 살펴봐야 할 것이다. 왜냐하면 현재 기온과 강수 관계를 정확히 알수록 더 정확하게 미래의 기상을 예측할 수 있기 때문이다. 이를 위해 이론적으로 특정한 자연 현상을 이용할 수 있다.

미국에서는 연구원들이 귀뚜라미가 일종의 온도계 역할을 한다는 사실을 알아냈다. 귀뚜라미 울음소리가 빨라질수록 기온이 높아지는데 그 이유는 간단하다. 변온 동물인 곤충의 체온은 주변 온도에 따라 달라진다. 귀뚜라미는 몸이 따뜻할수록 더 빨리 움직일 수 있기 때문에 날개와 다리를 움직일 때 나는 소리도 빨라진다. 심지어 일정 시간 동안 귀뚤귀뚤 소리가 몇 번이나 나는지에 따라 기온을 계산하는 방정식도 있다. 하지만 여기에는 한 가지 허점이 있다. 이 측정 기계가 겨울에는 작동하지 않는다는 점이다. 겨울이 되면 수컷 귀뚜라미는 더 이상 귀뚤귀뚤 소리로 암컷 귀뚜라미를 유혹할 마음이 없어진다.

따라서 날씨 관찰을 위해서는 또다시 기존의 온도계가 필요하다. 온도계는 만들기 쉬워서, 아주 가는 관에 알코올을 채우기만 하면 된다. 알코올은 따뜻해지면 팽창하기 때문에 관을 따라 위로 상승한다. 냉각되면 다시 줄어들면서 온도가 떨어졌음을 알려 준다. 여기에서 액체의 부피는 온도와 비례한다.

더운가, 추운가?

기상 통보를 하기 위해서는 당연히 주변 지역과 기온을 서로 비교해봐야 한다. 독일의 기상청과 여러 기관들은 습도, 비, 바람, 기온을 측

좀 정신없어 보이지만 백엽상은 일정한 규정에 따라 만들어진다.

정하는 기상 관측소 여러 곳을 연결하는 네트워크를 만들었다. 하지만 여기에는 몇 가지 유의할 사항이 있다. 화창한 여름날 그늘에 매달려 있는 온도계는 30도를 가리키는 반면, 이글거리는 태양 아래에 있는 온도계는 45도까지 치솟을 수 있다. 또 온도계가 걸려 있는 높이도 측정값에 영향을 미친다. 왜냐하면 밤이 되면 지면 가까이에 있는 공기가 높이 떠 있는 공기보다 훨씬 빨리 식기 때문이다.

때문에 모든 관측자들은 똑같은 표준 조건에서 측정을 해야 한다. 그래서 백엽상(기상 관측용 기구가 설비되어 있는 조그만 집 모양의 흰색 나무통)을 지면으로부터 2미터 높이에 설치하도록 규칙을 만들었다.

이 관측 상자 내벽에는 바람이 잘 통하는 금속판이 대어져 있고, 상자 안에는 온도계, 습도계, 기압계가 있다. 그리고 관측 상자를 설치할 장소는 그늘 없는 양지여야 한다. 반경 10미터 이내에는 나무 한 그루조차 있어서는 안 된다. 심지어 백엽상의 색도 정해져 있다. 어두운 색은 태양광을 많이 받기 때문에 실내가 금세 오븐처럼 따끈따끈해질 수 있다. 그래서 빛을 반사하도록 관측 상자를 눈처럼 하얀색으로 칠한다. 만약 관측 상자가 표준 조건에 맞는데도 측정 기온이 유난히 높거나 낮다면 그건 도구 탓이 아니다.

1983년 7월 27일, 독일 남부 바이에른 주의 오버팔츠에서 아주 특이한 수치가 기록된 적이 있다. 암베르크 부근의 게르머스도르프에 있는 관측 상자 안 온도계는 이날 섭씨 40.2도까지 올라갔다. 독일의 공식적인 최고 폭염 기록이었던 이 수치는 그 뒤로도 세 번이나 반복되었다. 2003년 8월 9일, 독일 남서부 바덴뷔르템베르크 주의 카를스루에에 있는 관측소에서도 똑같은 값이 측정되었고, 그로부터 나흘 뒤에는 카를스루에는 물론 같은 주의 프라이부르크까지 모두 40.2도를 기록한 것이다.

하지만 이 값도 세계 기록에는 한참 못 미친다. 표준 조건으로 가장 높은 기온을 나타낸 곳은 1923년 리비아 사막으로 57.3도였다. 반면 가장 낮은 온도는 1983년 7월 21일, 러시아령의 남극 관측소인 보스토크에서 측정되었

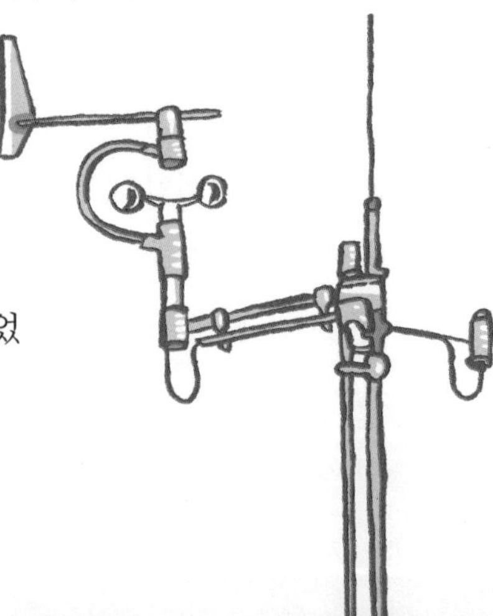

다. 이날 이곳 온도계는 영하 89.2도를 가리켰다. 사람이 거주하는 지역도 이만큼 추울 수 있다. 1964년 시베리아의 한 마을도 영하 72도를 기록했다. 이에 비하면 1929년 2월 12일, 영하 37.8도를 기록했던 오버바이에른의 볼른차호는 차라리 포근한 편이었다고 해야 할 것이다. 하지만 이것도 독일에서는 역사상 가장 낮은 수치였다.

강수량을 알려 주는 여러 가지 도구들

강수량은 기온보다 훨씬 더 측정하기가 어렵다. 물론 바닥에 항아리 하나를 갖다 놓고 일정 시간 동안 항아리 안에 비가 얼마나 차는지를 측정하면 된다고 간단하게 여길지도 모른다. 하지만 조금만 신중하게 생각해 보면 이 방법에는 허점이 한두 가지가 아니라는 사실을 금세 알 수 있을 것이다.

첫 번째 문제는 바람이다. 바람이 너무 강하게 불어 빗방울 일부가 항아리 밖으로 떨어진다면 실제로 내린 비보다 30~40퍼센트 적게 측정될 수 있다. 특히 강수량에 포함되는 눈은 비보다 더 바람에 잘 휘날린다. 더운 여름날에 쏟아지는 소나기도 문제다. 기온이 높아서 비의 일부가 재빨리 증발되어 버리기 때문이다.

학자들은 이런 문제들을 피하기 위해 상당히 정교한 우량계를 고안해 냈다. 어떤 것은 숟가락처럼 생겨서 아주 적은 양의 비만 떨어져도 금세 기울어져 내용물을 쏟아 버린다. 이 작은 수조가 한번 기울어진 후 다시 기울어지는 사이는 매우 짧아서 비가 거의 증발하지 않기 때문에 오차를 줄일 수 있다. 학자들은 수조가 기울어지는 횟수를 통해 비가 실제로 얼마나 내렸는지를 계산한다.

하지만 오늘날 기상학자들은 비가 다 내린 후에 강수량을 분석하는 것으로는 만족하지 않는다. 그들은 아예 구름으로 강수량을 측정하고 싶어 한다. 이에 쓰이는 것이 바로 비구름의 위치를 실시간으로 관찰할 수 있는 기상 레이더이다. 독일의 기상청은 독일 전역에 총 16곳의 레이더 관측소를 골고루 설치했다. 기상 레이더는 각 54밀리미터 파장을 가진 전자기파를 내보내는데, 이 전자기파는 공기 중에 떠 있는 물방울이나 눈 결정체 또는 우박 알갱이 같은 작은 입자들을 만나면 잘 반사된다. 레이더는 전자기파가 반사되는 것을 측정함으로써 언제 눈이나 비가 올지 짐작하게 해 준다.

이때 반향(소리가 어떤 장애물에 부딪쳐서 반사하여 다시 들리는 현상)이 되돌아오는 방향은 비나 눈이 오게 될 지역을, 되돌아오기까지 걸리는 시간은 거리를 알려 준다. 돌아오는 시간이 길면 길수록 비구름은 멀리 떨어져 있다는 뜻이다. 또 반향이 강하면 강할수록 강한 소나기가 온다. 레이더 접시가 기계 위의 지평선과 하늘 사이의 반구(지구면을 두 쪽으로 나눈 한 부분)를 탐색하면 200킬로미터 밖에 있는 뇌우까지 파악할 수 있다.

하지만 이런 측정망을 설치하는 데는 총 200~300만 유로가 필요하다. 그런 탓에 사설 기상 관측소들은 이런 기상 레이더 관측 장치를 직접 소유하지는 못하고 대신 독일 기상청으로부터 레이더 사진을 구입한다. 이 사진들로도 몇 가지 서비스를 할 수 있다. 컴퓨터를 이용해 강수의 강도를 여러 색으로 구별하고, 비가 내리는 지역의 상황을 지도에 표시한다. 그리고 컴퓨터에 일정한 시간 간격으로 새로운 레이더 사진을 계속 입력하면 비나 눈이나 우박이 독일 전역으로 이동하는 모습을 추적할 수 있다.

유령 구름

기상 레이더 같은 고성능 기기조차 몇 가지 허점이 있다. 독일에서는 2005년 7월 19일자 일기도에 길이가 100킬로미터나 되는 비구름이 나타났다. 하지만 실제로 해당 지역에는 소나기구름이 간간이 지나갔을 뿐 두드러진 비 전선이 형성될 기미가 전혀 없었다. 그런데 2006년 4월 7일에 또 같은 현상이 반복되자, 누군가 기상학자들을 상대로 장난을 치는 것이 아닌가 하는 의구심이 고개를 들었다. 실제로 한 사설 기상 관측소는 경찰에 신고까지 했다.

독일 국립 기상청의 전문가들은 이미 언론이 '유령 구름'이라 명명한 이 현상에 대해 다른 설명을 내놓았다. 그들은 이 수수께끼 같은 현상이 군사 작전과 관련 있을 것으로 추측했다. 과거 제2차 세계대전 중에 영국군은 베를린 하늘 위로 머리카락처럼 얇은 금속 조각 '채프'를 뿌렸다. 레이더의 전파가 채프에 부딪혀 반사되면 화면에는 큰 비를 머금은 먹구름이 나타나고 비행기는 거기 가려 보이지 않는다. 육안으로는 보이지 않는 금속 조각 채프가 독일군의 레이더망으로부터 비행기를 숨겨 주는 것이다.

공기 중에 떠도는 물질이 여러 파장을 다양하게 잘 반사하기 때문에 군사 기술자들은 이 금속 조각을 적군의 레이더를 겨냥해 쏜다. 그런데 군사 기술자가 쏜 금속 조각이 우연히 기상 레이더에 잡히면, 기상학자들은 그곳을 '강우 지역'으로 파악하게 된다. 다른 나라 군사 작전 지역에 살포된 금속 조각이 바람을 타고 북해를 건너 독일까지 넘어와 유령 구름을 만들었을 것이라는 추측이 사실로 밝혀진 것이다.

하지만 영리한 기상학자들은 이런 은폐 작전에 그대로 속아 넘어가진 않는다. 의심스러운 구석이 있을 땐 구름 형상을 찍은 인공위성 사진을 레이더 사진 위에 놓고 비교한다. 두 사진이 일치하면 실제로 비가 내릴 것이고, 두 사진이 전혀 다를 경우에는 유령 구름이다. 이 방법은 군사적인 은폐 기술을 밝히는 데만 도움이 되는 게 아니라, 기상 레이더를 바보로 만드는 다른 현상까지 밝힐 수 있다.

예컨대 2006년 4월 23일, 기상학자들은 독일 북부의 함부르크와 서북부의 하노버 사이에 갑자기 나타난 가느다란 비 전선을 보고 깜짝 놀랐다. 실제로 비가 내릴 리는 없었다. 왜냐하면 비 전선이 다른 모양을 하고 있었기 때문이었다. 수수께끼는 4월 25일에 풀렸다. 꿈쩍도 하지 않던 유령 구름이 오전 10시경 갑자기 방향을 바꾸기 시작했던 것이다. 이틀 전 함부르크 항구에 도착했던, 세계에서 가장 큰 순항선이 바로 그 시각, 즉 4월 25일 10시에 다시 출항했다. 그런데 이 '프리덤 오브 더 씨즈'호가 엘베 강 하류로 멀어질수록 유령의 비 전선도 더 멀리 방향을 틀었다. 추측건대 선박에 실려 있던 레이

더 장비나 라디오 수신기가 항구 북쪽에 있는 기상 레이더를 방해한 것으로 보인다.

기후 측정기는 우주에도 있다

설사 기상 레이더의 허점을 충분히 알고 있고 그에 맞춰 대응을 한다 해도, 세밀한 일기 예보를 하기에 아직 부족한 점이 많다. 예를 들자면, 기상 레이더는 현재 이미 내리고 있는 비를 보여 줄 뿐이다. 그리고 바람의 방향과 속도에 따라 두세 시간 뒤 비구름이 어느 위치에 가 있게 될지 예측할 수 있게 해 준다. 하지만 농부와 기업가, 술집 단골, 아마추어 정원사 들이라면 좀 더 장기적인 예보를 원할 것이다. 좋은 일기 예보라면 모름지기 이삼일 뒤 상황 정도는 충분히 내다볼 수 있어야 한다.

이를 위해서 기상학자들은 좀 더 큰 지역, 예를 들자면 북반구 전체의 움직임을 알아야 한다. 그러려면 여러 지점, 즉 다양한 고도에서의 기압과 기온, 바람의 방향과 속도, 습도, 그 밖의 다른 여러 가지 사항들의 측정값이 필요하다. 오늘날에는 지구 전체를 아우르는 정보망에 이런 정보들이 속속 모여든다. 지구 전체에 총 1만 1,000여 개의 기상 관측소가 관련 데이터를 수집하고 있고, 900여 개의 관측소에서 하루에 최소 두 번씩 상공 30미터 높이의 기온과 습도, 바람을 측정하기 위해 무인 기상 관측 기구를 하늘로 띄워 올린다. 또 바다에 띄우는 부표 안이나 무역 선박 또는 여객기 등에 측정 기계를 신기도 한다. 또 우주에 떠 있는 눈을 사용하기도 한다.

우주에 떠 있는 눈, 곧 인공위성이 개발된 이래 20세기 말 기상 관측과 예보는 어마어마한 발전과 도약을 경험했다. 인공위성은 고성능의 전문 기상 관측 기계로, 사람은 물론 기상 관측소도 접근할 수 없는 곳, 이를테면 끝없는 대양이나 사막의 상황을 우주로부터 내려다볼 수 있다. 이 우주의 눈 덕분에 오늘날 지구의 기상도에서 사각지대가 거의 사라지게 되었다.

유럽 기상 위성 기구(EUMETSAT)는 2004년 초 제2세대 기상 인공위성을 쏘아 올렸다. 이 인공위성은 아름다운 구름 사진뿐만 아니라 수많은 다른 정보를 지구로 보내왔다. 이 지구 관찰자는 적도 부근 3만 6,000킬로미터 상공의 궤도를 돌면서 15분마다 지구 각 지역 날씨를 측정한다. 같은 궤도에는 유럽 인공위성 2대와 미국 인공위성 3대가 일정한 간격을 두고 돌면서 제각각 지구를 관찰한다. 그 정보를 모두 모으면 15분 간격으로 지구의 기후에 대한 포괄적인 사진

기상 인공위성 MetOp는 극지방 외에 다른 곳들의 날씨도 정확히 관찰한다.

을 얻을 수 있다.

그런데 스웨덴보다 더 북쪽에 있는 지역의 날씨는 3만 6,000킬로미터 상공에 있는 인공위성도 알기 어렵다. 이런 한계 아래서는 이삼일 뒤의 날씨만 예상할 수 있을 뿐이며, 더 먼 시일의 날씨를 알기 위해서는 그 위쪽 극지방의 상황을 먼저 알아야 한다. 그래서 미국과 유럽은 각각 또 다른 기상 인공위성을 가지고 있다. 이 추가 관찰자는 북극 또는 남극 시간으로 오전 또는 오후에 약 820킬로미터 상공의 궤도를 돈다.

이때 이 위성들은 평소에 제외되기 쉬운 극지방을 그저 횡단만 하는 것이 아니다. 회전 궤도가 지면에서 가깝기 때문에 적도 상공의 인공위성들보다 지구의 기후를 훨씬 더 자세히 관찰할 수 있다. 극지방 궤도 인공위성 중 유럽의 것은 'MetOp'으로, 고성능 측정 기계를 싣고 있다. 전자기파로 구름 내부를 들여다보고 구름의 습도와 온도를 측정할 수 있는 아주 정교한 기계다. 기상학자들은 인공위성이 보내는 수치를 토대로, 자주 빗나갔던 3일 뒤 예상 강수량의 적중률을 높이려고 하고 있다.

2000년에 설립된 유럽항공방위산업체 EADS의 항공 우주 부문 자회사인 아스트리움은 MetOp 인공위성에 실을 'Ascat'이라는 기계를 만들었다. 이 기계는 레이더 전자기파로 바다 위로 지나는 바람의 속도와 방향을 알아낸다. Ascat이 어떤 지역으로 여러 방향에서 강력한 바람이 불어오는 모습을 잡아내면 땅에 있는 기상학자들은 그곳에 비 전선이 있음을 알게 된다.

날씨 예측은 점점 정확해지고 있다

이처럼 인공위성과 레이더 장치, 기상 관측소가 보내는 다양한 데이터를 모아 연구하면 기후 예측에는 별 문제가 없을 듯싶다. 기상 예측을 위한 가장 중요한 정보가 다 준비되어 있고, 여기에 대기 물리 법칙만 안다면 며칠 후 날씨가 어떻게 변할지를 계산할 수 있으니 말이다.

하지만 문제는 기상학자들이 어마어마하게 많은 자료들을 한꺼번에 다뤄야 한다는 데 있다. 그것도 모자라 온갖 공식이 총동원되는 복잡한 수학까지 필요하다.

이 때문에 오늘날 기상학자들은 갈수록 슈퍼컴퓨터를 비롯한 성능 좋은 컴퓨터를 사용한다. 기상학자들이 관찰한 측정값을 입력하면 컴퓨터는 특정 지역의 예상 날씨를 알려 준다. 이 컴퓨터와 새로운 측정 기술 덕분에 지난 10년간 날씨 예보는 발전에 발전을 거듭해 왔다. 이제 3, 4일 후의 날씨 예보는 적중률이 90~100퍼센트이며, 강수량에 대한 예측만 조금 미흡한 편이다. 6일 이후의 날씨 예보에 대한 적중률은 1968년경의 내일 날씨 적중률과 비슷하다. 또 독일 기상청은 2007년 운행을 시작한 MetOp 인공위성이 보내는 데이터 덕분에 열흘간의 날씨 예보를 인터넷에 올릴 수 있다.

이제 기상학자들은 슈퍼컴퓨터로 다음 계절의 날씨까지 예측하려고 시도하고 있고, 북유럽에서는 이미 잘되고 있는 편이다. 하지만 중부 유럽의 날씨는 끝없이 변덕스러워서 장기적인 예측은 아직 힘들다. 올겨울에 스키를 타려는 사람들, 내년 여름에 선탠을 즐기려는 사람들이 그 덕을 보려면 아직 더 두고 봐야 한다.

대한민국은 어떨까?

- 역대 최고 기온은 1942년 8월 1일 대구에서 기록된 섭씨 40도다. 2013년 울산에서도 40도가 기록되었지만 공식적으로 인정받지는 못했다.
- 역대 최저 기온은 1981년 1월 5일 양평에서 기록된 영하 32.6도다. 한반도 통틀어서는 1931년 1월 12일 평안북도 중강진의 영하 43.6도가 최저 기록이다.

4장

고대의 요리책에 기록된 날씨

재료

열, 온실가스, 식물, 타원형 지구 공전 궤도, 영원한 얼음, 나무의 나이테, 항해 일지, 바이올린

조리 시간

수십억 년

조리 방법

우선 공기 중에 수증기를 충분히 뿌린 뒤 수백만 년 이상 차갑게 식힌다. 4만 년 동안 비가 내려 바닷물을 모두 채울 때까지! 공기 중에 가득한 메탄가스가 지구를 한증막 같은 환경으로 만든다. 이제 땅에 식물을 심으면 이 식물이 산소를 내뿜어 한증막을 식힌다. 지구는 태양 둘레를 길게 타원형으로 돌면서 행성의 일부분이 얼어붙게 만들다가 수천 년 뒤에는 다시 가열한다. 이 오래된 기후에 대해 더 자세히 알고 싶다면, 나무의 나이테나 오래된 항해 일지, 바이올린을 들여다보라.

사람들이 꼭 몇 주 후에 닥칠 폭염이나 눈보라만 궁금해하는 건 아니다. 공룡이 살던 시대는 추웠을까, 더웠을까? 우리 조상들이 처음으로 두 발로 걷기 시작했을 때 날씨는 어땠을까? 이렇듯 과거의 날씨도 여러모로 흥미진진하다.

물론 선사 시대 어느 특정한 날의 날씨를 알아낼 수는 없다. 하지만 여러 해에 걸친 평균 기온과 강수에 대한 자료가 있다면, 이를 토대로 오래전에 사라진 세계를 흥미롭게 그려 볼 수 있다. 원래 기후란 어떤 지역에서 규칙적으로 되풀이되는 일정 기간의 평균 기상 상황을 뜻하며, 세계기상기구(WMO)에서는 30년간의 평균값을 기준으로 삼는다. 일기 예보는 기껏해야 몇 달 후를 내다보지만, 기후학자들은 수십 년, 수천 년, 수백만 년의 시간을 놓고 연구한다.

기후학자들은 과거의 기후를 알기 위해 다양한 연구를 한다. 옛날 탐험선에서 나온 낡은 항해 일지는 매우 흥미로운 정보를 담고 있다. 16세기에 북극해를 항해한 선장들은 날씨 외에도 빙산의 출몰이나 빙하의 위치 등을 기록했다. 그로부터 300년 뒤, 극지방 연구가들 몇몇이 극해의 얼음을 조사하기 시작했다. 프리드쇼프 난센은 자신이 직접 설계한 탐사선 프람호를 떠다니는 실험실로 바꿔 놓았다. 이 노르웨이 인은 1895년 4월에 그때까지 인간의 발길이 닿은 최북단이었던 위도 86도 14분 지점에 도달했을 뿐만 아니라 바다의 깊이와 해류, 수온, 심지어 염도까지 밝혀냈다. 빙하의 분포에 대한 종합적인 정보는 20세기 초에 밝혀졌다. 그 당시 북극해 스핏스베르겐 섬(공식 이름은 베스트스핏스베르겐 섬. 노르웨이령 스발바르 제도에서 제일 큰 섬이다.)에서 석탄이 발견되었는데, 그 섬에 석탄 화물선이 안전하게 정박하려면 빙하에 대한 정보가 꼭 필요했다.

하지만 기후에 대한 기록만으로는 고작 수백 년에서 수천 년 전의 정보밖에 알 수가 없다. 더 오래 전 지구의 기후에 대해 알고 싶다면 다른 증인들을 찾아야 한다. 이를테면 늘 얼어 있는 시베리아 땅은 수만 년 전의 날씨와 자연 경관이 기록된 역사책이나 다를 바 없다. 예컨대 무려 5만 년이나 된 얼음으로 이루어진 거대한 절리를 자세히 조사해 보면 먼 옛날의 기후를 알 수 있다. 또 시베리아의 땅속에는 오래전에 멸종된 빙하기 동물들도 묻혀 있는데 그중에는 심지어 털과 살점까지 남아 있는 것도 있다. 시베리아 북동부에 사는 목동들은 가끔 개들에게 마지막 빙하기 때 살았던 매머드의 고기를 주기도 한다. 학자들은 이 지역에서 매머드나 말, 털코뿔소, 들소의 뼈를 수 톤씩이나 발견하곤 한다. 심지어 한때는 사자도 살았음을 알 수 있다. 이러한 사실들을 토대로 당시 이 지역의 자연환경을 그려 볼 수 있다.

옛날 기후학자들은 마지막 빙하기에 시베리아 전체가 거대한 빙하 속에 매몰되었다고 믿었다. 하지만 그건 사실이 아니다. 왜냐하면 오직 얼음뿐인 땅에서는 방금 언급한 동물들이 살 수 없기 때문이다.

펭귄과 나이테, 바이올린이 들려주는 기후

남극해에 사는 아델리펭귄이 보여 주는 기후 자료도 있다. 아델리펭권이 굶주린 배를 채우려면 최소한 손바닥만 한 물이라도 있어야 한다. 기온이 내려가면 바다는 해빙(바다가 얼어서 생긴 얼음판) 아래로 사라져 버리기 때문에, 펭귄들은 물고기를 더 이상 잡을 수 없어서 살던 곳을 포기해 버린다. 수백 년이 지난 뒤 사람들은 '예전 펭귄들의 보금자리' 흔적을 발견한다. 그곳에는 뼈와 깃털, 배설물, 알 껍데기가 무더기로 쌓여 있다. 미국의 학자들이 남극의 로스 해(남극 대륙의 태평양 쪽에 있는 큰 만. 대부분이 수심 1,000미터 이하로 얕은 곳이 많고, 대륙붕이 발달해 있다.) 서쪽 연안 빅토리아랜드에서 오래된 부화 장소를 발견하고, 그 펭귄 뼈가 얼마나 오래된 것인지를 밝혀냈다. 그리고 펭귄들이 2000년 전에 빅토리아랜드의 남쪽 해안 전체를 버리고 갔다가 1000년 전에야 다시 되돌아온 사실도 알아냈다. 아마 로스 해는 펭귄들이 없는 기간 동안 거대한 해빙 아래 있었을 것이다. 반면 오늘날의 아델리펭귄들은 최소한 여름에는 얼음이 전혀 없는 물에서 산다.

아델리펭귄과 그 후손들은 수천 년 전의 기후를 증명한다.

169 167 165 163 161 159 157 155 153 151 149 147 145 143 141 139 137 135 133 131 129 127 125 123 121 119 117 115 113 111 109 107 105 103 101 99 97 95 93 91 89

나무도 수백 년 또는 수천 년 전의 기후에 대한 정보를 준다. 나무는 유난히 추운 시기에는 거의 자라지 않기 때문에 그루터기에 좁은 나이테만 생긴다. 반면 나이테의 간격이 넓다면 그해에 기온과 강수량이 적당해서 나무가 잘 자랐음을 뜻한다. 이러한 차이는 나무의 품질에서도 확연히 나타난다. 17세기와 18세기 초의 바이올린 제작자들이 유난히 큰 성공을 거둔 비밀도 아마 기후가 나무를 잘 길러 준 데 있을 것이다. 전설적인 명성을 누리고 있는 이탈리아의 명장 안토니오 스트라디바리(1644 추정~1737)만 하더라도 그 당시 바이올린과 기타, 비올라, 첼로를 무려 1,100대 넘게 만들었는데, 이 악기들의 독특한 음색은 오늘날까지도 유명하다. 후대 바이올린 제작자들도 스트라디바리처럼 완벽한 바이올린을 만들려고 노력했지만 번번이 실패하고 말았다. 바이올린 명장들에게 무엇인가 특별한 기술이 있었던 것일까, 아니면 나무를 다루는 특별한 비법이라도 있었던 걸까? 물론 그들이 빼어나기도 했지만 특별한 기후 덕 또한 톡톡히 봤던 것이 분명하다.

1645년에서 1715년 사이, 유럽은 유난히 추운 '소빙하기'를 겪었다. 마치 냉장고처럼 춥디추운 환경 속에서 알프스 산의 나무들은 거의 자라지 못했고 나이테의 간격은 매우 치밀해졌다. 이와 동시에 목질이 단단해지고 규칙적인 결이 만들어졌다. 이런 나무로 만든 악기는 연주할 때 발생하는 긴장감을 잘 견뎌 내고 특히 반향이 뛰어나다. 어쨌거나 안토니오 스트라디바리가 매우 운이 좋았던 것은 분명하다. 소빙하기가 시작되기 직전에 태어난 그는 한창 일할 시기에 소

빙하기 동안 알프스에 많이 자랐던, 아주 단단한 가문비나무를 재료로 쓸 수 있었던 것이다.

오븐처럼 뜨거웠던 태초

수천, 수만 년을 넘어 태곳적 지구 역사가 궁금하다면 나무나 동물과는 다른 증인을 찾아야 한다. 가령 그린란드나 남극의 빙하는 그보다 훨씬 전의 기억을 가지고 있다. 기후학자들은 특수 장비로 남극 빙하 깊숙이 수 킬로미터 아래에 있는 태곳적 얼음을 끄집어 올려 성분을 분석했다. 이 꽁꽁 언 역사책은 10만 년 전 기후에 대한 정보를 저장하고 있다. 또 바다 밑바닥에 쌓여 있는 퇴적물을 분석해 보면 수백만 년 전 과거도 알 수 있다. 학자들은 이런 방법을 통해 지구의 기후 역사를 좀 더 선명하게 그릴 정보를 얻는다.

빙하와 퇴적물이 말하는 바에 따르면, 태곳적의 자연환경 속에서는 인간이 살 수 없었다. 지구가 막 만들어졌을 때, 지구 표면의 온도는 상상조차 할 수 없을 만큼 뜨거웠다. 그러다가 수백만 년에 걸쳐 아주 천천히 식었고 마침내 비가 내렸다. 공기 중의 수증기가 모두 비로 변해, 무려 4만 년이나 내리고 내려 바다를 이루었다. 공기 중에 떠돌던 많은 양의 이산화탄소가 바닷물에 용해되어 탄산이 발생했고, 다시 오랜 시간 동안 탄산이 다른 물질과 결합해서 석회암으로 변했다. 이로써 지구는 극심한 온실 효과에서 서서히 벗어나게 되었다.

물이 존재하고 기온이 견딜 만한 수준으로 떨어지자 생명이 탄생할 수 있었다. 하지만 그때는 태양빛이 너무 약해서 지구가 얼어버릴 지경이었다. 그러나 최초의 생명체들이 지구가 어는 것을 막았다. 생명체들이 방출한 메탄가스가 태양열을 흡수해서 적절한 온실효과를 만들었기 때문이다. 또 20~30억 년 전에는 오늘날의 식물들처럼 '광합성'을 통해 에너지를 얻는 유기체가 나타났다. 유기체들이 내놓은 산소는 공기 중의 메탄을 이산화탄소로 바꿔 놓았다. 메탄에 비해 이산화탄소는 태양열을 효과적으로 흡수하지 못하기 때문에 기온이 다시 급격하게 떨어지면서 지구 일부가 처음으로 두꺼운 얼음으로 덮이게 되었다.

거대한 얼음 공 지구

첫 번째 빙하기는 3억 년 동안 지속되었다. 다시 따뜻해졌지만 빙하기는 그 후로도 반복적으로 찾아왔다. 6~7억 년 전, 지구는 동그란 얼음 공에서 거대한 사우나로 변했다가 다시 얼음 공이 되기를 수차례 반복했다.

그 당시에는 태양열도 지금보다 훨씬 약했다. 또 오늘날에는 태평양 북적도 해류나 남적도 해류, 북대서양 해류가 적도의 거대한 열에너지를 고위도 지방으로 옮겨 주지만, 당시에는 지구가 어는 것을 방지하는 열대 지역의 큰 바다가 없었다. 이처럼 추가로 열을 공급해 주는 해류 같은 것이 없었기 때문에, 극 주변 바다에 처음으로 얼음판이 생겼다. 그런데 얼음이 태양빛을 반사해 버리는 바람에, 약한 태양빛조차 지구에 머무를 수 없었다. 기온은 더욱 떨어졌고 얼음의 면적은 점점 더 넓어져 갔다. 얼음은 점점 더 빠른 속도로 증가해서 결국 열대 지방까지 모두 뒤덮고 말았다. 이렇게 지구는 두꺼운 얼음장으로 뒤덮여 버렸고, 평균 기온은 영하 50도까지 떨어졌다.

모든 것이 얼어 버리는 바람에 수증기가 일어나지 않아 비도 눈도 내리지 않는 푸른 하늘이 끝없이 계속되었다. 비나 눈과 관계없이 화산으로부터 방출되어 나온 이산화탄소는 수백만 년 동안 모이고 또 모여서 농도가 오늘날보다 350배나 짙었다.

이렇게 짙은 이산화탄소가 온실 효과를 만든 덕에 약한 태양열이나마 지구에 머물며 기온이 올라가기 시작했고, 열대의 몇몇 곳에

수억 년 전 지구는 거대한 얼음 공과 비슷했다.

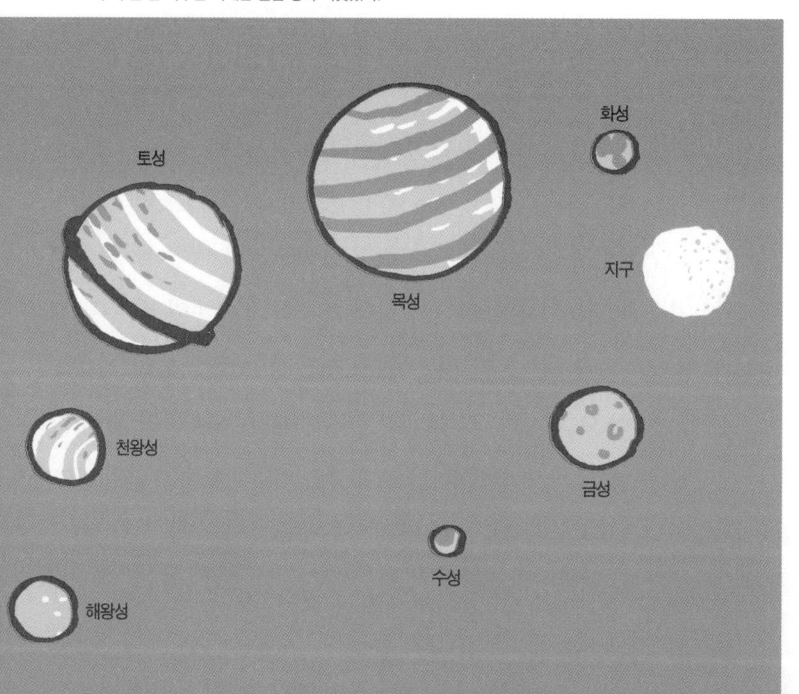

서 얼음이 다시 녹기 시작했다. 얼음이 녹는 곳에서는 태양열이 더 잘 흡수되었고, 기온이 올라갈수록 얼음은 더 빨리 녹아내렸다. 결국 100년이 채 못 가서 빙하가 사라졌다. 아니, 오히려 어마어마한 양의 이산화탄소가 지구의 평균 온도를 섭씨 50도까지 올려 버렸다. 그러다 이산화탄소는 거센 폭우에 다시 씻겨 나갔고 이러한 순환은 처음부터 다시 시작되었다.

얼음처럼 차가운 남쪽

기후학자들은 지구 전체가 얼음 공과 사우나 사이를 왔다 갔다 했는지 아니면 일부만 그랬는지 아직 정확히 알지 못한다. 하지만 분명한 것은 긴 빙하기가 있었고 이것이 약 5억 8500만 년 전에 끝났다는 사실이다. 물론 그 뒤로도 여러 지역이 얼음에 뒤덮이곤 했지만 대부분은 따뜻한 편이었다.

예를 들어 6600만 년 전 남극은 풍성한 숲과 기름진 녹색 초원으로 뒤덮여 있었고 공룡들이 열대 나무들 사이로 돌아다녔다. 4000만 년 전에도 남극에는 고원 지역에나 얼음이 조금 있는 정도였다. 그러다가 남극에 얼음 시대가 찾아왔다. 3400만 년 전쯤 태양 주위를 도는 지구의 궤도가 흔들리면서 자전축도 함께 이동해 버렸다. 그 바람에 남극은 수천 년 동안 여름에도 조금 시원했고, 고원 지대의 얼음은 봄여름에도 완전히 녹지 않고 오히려 매년 조금씩 더 쌓여 갔다. 그런데 하얀 눈은 태양열의 많은 부분을 대기 중으로 반사한다.

많은 지역이 흰 눈으로 덮여 가면서 지구는 다시 차가워지기 시작했다. 그 뒤로 여름에도 눈이 점점 더 많이 남았고 점점 더 추워졌다. 이런 현상이 계속 반복되더니 수천 년이 지나자 결국 남극 전체가 두꺼운 얼음판에 뒤덮이게 되었다. 그리고 그 상태가 지금까지 계속되고 있다.

이 얼음덩어리들은 과거 지구의 바다에서 증발했던 물이 언 것이다. 남극 너머도 얼음에 덮인다면 대양에는 물이 부족해지고 해수면도 사라질 것이다. 남극의 냉각 현상이 시작된 후 30만 년 만에 평균 해수면은 3400만 년 전보다 70미터나 내려갔다. 수많은 얕은 해안의 물이 말라 버렸고, 지천에 널려 있었던 석회와 규산염 암석이 무더기로 증발했다. 이런 암석들은 아주 빨리 풍화된다. 석회암의 주요 성분인 탄산칼슘도 비에 씻겨 강물을 타고 바다로 내려갔다.

그 결과, 대양에서 화학 작용이 일어나 생명이 탄생했다. 탄산칼슘이 바다로 유입되면서 심해의 경계선이 밀려 내려갔기 때문이다. 산호를 비롯한 다른 바다 생물들은 일정한 깊이의 수심에서만 석회로 된 껍질을 형성한다. 그 이하의 수심에서는 탄산칼슘이 바닷물에 용해된다. 그런데 그 석회의 한계선이 수천 미터나 더 아래로, 심지어 거대한 대양 밑바닥보다도 아래로 내려가 버린 것이다. 그 덕분에 죽은 바다 생물들의 석회질 껍데기가 용해되지 않고 대양 밑바닥에 쌓이게 되었다. 그런데 이 석회질 껍데기는 과거 존재했던 생명체들이 공기에서 흡수한 이산화탄소로 만든 것이다. 따라서 이는 공기 중의 이산화탄소가 녹지 않은 석회 형태로 바다 밑에 가라앉는 결과를 가져왔다. 대기에서 이산화탄소의 농도 또한 옅어졌다. 그리고 그 결과, 지구는 점점 냉각되어 오늘날의 기온과 거의 비슷한 수준에 도달하게 되었다.

빙하기와 간빙기

지금으로부터 그리 멀지 않은 과거, 즉 260만 년 전에도 또 한 번의 혹한이 있었다. 그 후로 계속 빙하기와 간빙기가 교대로 찾아왔다. 지구가 태양 주위를 완벽한 원형 궤도로 돌지 않고 달걀 모양의 타원형으로 돌면서 추위가 제대로 시작되었다. 타원형 궤도 때문에 10만 년에 한 번씩 수천 년 동안, 태양열이 고작 북아메리카 고지와 북유럽에만 겨우 미쳤기 때문이었다.

북부 캐나다에 쌓인 겨울눈은 여름이 되어도 완전히 녹지 않았다. 이로써 또다시 3400만 년 전 남극에서 일어났던 것과 똑같은 현상이 반복되었다. 눈에 덮인 면적이 점점 넓어졌고 기온이 점점 낮아졌으며 녹았던 눈은 얼음으로 변했다. 북아메리카 대륙은 11만 8000년 전쯤에 마지막으로 이런 상태가 되었다. 그 당시 유럽 역시 거의 햇빛이 들지 않아서 모든 것이 급격히 얼어붙기 시작했다. 하지만 유럽은 북아메리카만큼 북쪽으로 치우쳐 있진 않아서 이곳에 빙하기가 찾아온 것은 수천 년 뒤의 일이었다. 그때도 얼음은 오늘날 베를린과 함부르크가 있는 지역까지 뒤덮었고, 알프스 쪽 얼음은 거의 뮌헨에까지 이르렀다.

온실 속의 지구

수백만 년 동안 지구는 빙하기와 간빙기를 거듭 겪었지만 인류가 이에 영향을 미친 적은 없었다. 그런데 최근 들어 인간은 기후에 영향을 주기 시작했고, 시간이 지날수록 영향력도 더욱 커지고 있다. 18세기에 산업 혁명이 시작된 뒤로, 석탄과 석유, 천연가스가 점점 많이 쓰이게 되었다. 이 엄청난 양의 화석 연료는 자동차와 비행기, 배 같은 기계를 움직이거나 집을 난방하기 위해 사용되었다. 문제는 화석 연료를 태우면 이산화탄소가 대량으로 발생한다는 것이다. 최근 150년간 대기 중의 이산화탄소 양은 3분의 1가량 증가했다. 공기 분자 100만 개 중 이산화탄소는 19세기 초만 해도 280개였지만, 2008년에는 385개로 급등했다. 2008년은 최소한 지난 50만 년 동안, 또는 심지어 지난 150억~200억 년 동안 이산화탄소 양이 최고로 많았던 해이다. 이렇듯 인류는 온실 효과를 부추기고 있다.

사실 온실 효과는 인간이 등장하기 이전부터 있었던 자연스러운 현상이다. 태양이 지구 표면을 비추면 표면은 뜨거워지고 지구는 열에너지를 내뿜기 시작한다. 햇빛을 받은 아스팔트 위에 손바닥을 대면 아래에서 따끈따끈한 열에너지가 올라오는 것을 느낄 수 있다. 그러나 이 열에너지는 우주로 나가기가 어렵다. 우리 지구를 둘러싸고 있는 공기층, 과학자들이 '대기'라고 부르는 껍질 때문이다. 그 속에서는 수증기와 이산화탄소, 그 외의 다른 기체들이 떠돌면서 열에너지를 흡수한다. 그리고 그중 극히 일부만 지구 밖으로 내보낸다. 이 과정은 온실의 원리와 유사하다. 온실 유리창은 햇빛을 받아들이면서 열을 내부에 잡아 둔다. 지구에서는 유리 대신 대기가 열을 가둬 두는 것이다.

이것은 좋은 현상이다. 온실 효과가 없다면 우리 지구는 평균 기온 영하 18도로 아주 추웠을 것이고, 춥다 못해 거의 얼음으로 뒤덮일 것이다. 하지만 다행히도 대기의 1퍼센트도 안 되는 수증기와 이산화탄소, 메탄 같은 온실가스가 지구의 평균 온도를 영상 15도 정도로 유지해 주는 것이다.

그러나 인류가 점점 더 많은 이산화탄소를 대기 중에 내보내기 시작하고 그 밖의 온실가스 사용량까지 급격히 늘면서 이 자연스러웠던 온실 효과가 지나치게 강해졌다. 가령 메탄은 이산화탄소보다 20배는 강력한데 가축 농장이나 벼가 자라는 논에서 다량으로 발생한다. 일명 웃음 가스로 불리는 아산화질소는 질소비료를 듬뿍 뿌린

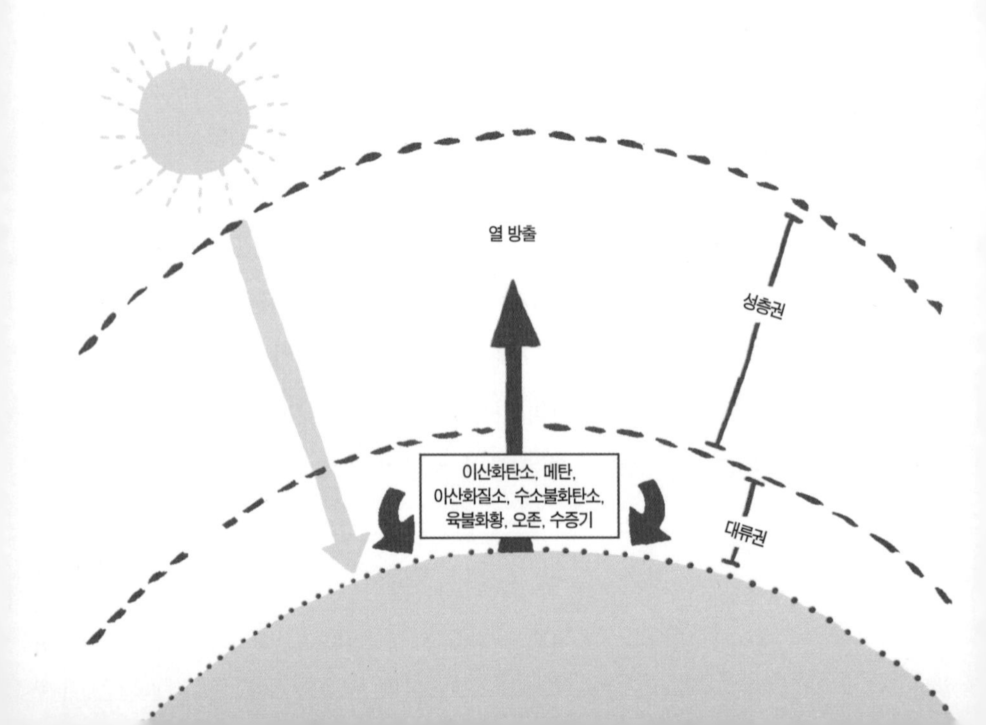

깡패들의 탄생

온실가스는 어떻게 발생되나?

이산화탄소(CO_2) 석탄, 석유, 천연가스 등의 화석연료를 연소하는 과정이나 산불

메탄(CH_4) 벼농사, 가축 사육, 탄광, 천연가스 및 석유 생산, 쓰레기 매립

아산화질소(N_2O) 질소비료, 탄광, 연료의 고온 연소

수소불화탄소(HFCs) 스프레이 가스, 냉장고 및 에어콘의 냉매

육불화황(SF_6) 반도체나 변압기 등의 절연제

땅에서 주로 만들어진다. 온실가스는 어떤 결과를 낳을까? 불 보듯 뻔하다. 지구가 점점 뜨거워진다. 그것도 인류 역사상 가장 빠른 속도로 말이다. 지난 100년간 지구의 평균 온도는 0.8도 상승했다.

아, 뜨겁다! 열병을 앓는 지구

기후학자들 대부분은 지구의 온도 상승이 온실가스 때문이라는 데 동의한다. 하지만 몇몇 사람들은 의구심을 품는다. 그들은 온도 변화가 단지 태양의 복사열 차이 때문에 발생한다고 주장한다.

사실 지구가 늘 같은 양의 열에너지를 받는 것은 아니다. 태양 주위를 도는 지구의 위치와 자전축의 위치에 따라 태양열의 양이 달

라지기 때문이다. 또 태양의 흑점 수에도 영향을 받는다. 인공위성이 측정한 바에 따르면, 흑점이 많은 시기에 특히 태양열이 더욱 강렬해진다고 한다. 학자들은 흑점의 변화를 850년도까지 거슬러 올라가 추적했다. 태양은 1940년대부터 가스 분출과 방사능 폭풍이 유난히 활발해졌다. 그리고 그 이후로 천 년 이래 가장 많은 태양 흑점이 나타났다.

그러나 이런 의견에도 불구하고, 태양 전문가들은 인류가 지구의 기후 변화에 책임이 전혀 없다고 단언하지는 못한다. 1850년 이후 태양의 밝기 변화와 지구의 온도 변화를 비교한 데이터 때문이다. 처음 120년간은 두 값이 서로 잘 들어맞았다. 하지만 1970년 이후 지구의 온도는 급속히 상승한 반면 태양의 밝기는 거의 변화가 없었다. 지구의 온도 상승이 인간 탓임을 보여 주는 분명한 증거다. 그런데 놀라운 것은 인류가 산업 혁명 이후 대기 중으로 내뿜은 이산화탄소 전부가 기후에 변화를 가져온 것은 아니라는 사실이다.

해양학자들은 태평양이 1800년에서 1994년 사이에 약 1,200억 톤의 탄소를 흡수했음을 밝혀냈다. 이 수치는 이 시기에 인간이 만든 탄소의 절반에 해당한다. 이처럼 바다가 저장해 주지 않았더라면 대기 중의 이산화탄소 양은 지금보다 훨씬 더 많았을 것이다.

또 숲도 어마어마한 양의 탄소를 묶어 주는 존재이다. 나무들이 이산화탄소를 빨아들여 잎과 줄기를 위한 유기 물질을 만들기 때문이다. 게다가 식물은 죽고 나면 살아 있을 때보다 약 세 배 더 많은 이산화탄소를 저장한다. 그러나 박테리아가 부식토를 분해하면 이산화탄소가 다시 방출된다. 박테리아는 더운 지방에서 더욱 활발해지기 때문에, 열대 지방은 한대 지방이나 온대 지방에 비해 땅에 저장된 이산화탄소 양이 적다.

지구의 미래는?

앞으로 날씨가 어떻게 변할지 궁금한 사람은 대기와 바다, 육지에서 일어나는 모든 현상을 잘 지켜봐야 한다. 학자들은 이 모든 현상을 슈퍼컴퓨터나 풀 수 있는 복잡한 공식에 집어넣는다. 그러나 여전히 기후 모델을 개발하기란 무척 어렵다. 그래서 학자들은 기후 모델로 미래를 내다보기 전에, 지나간 과거의 기후를 먼저 계산해 보곤 한다. 이렇게 하면 산출된 계산 결과가 현실과 어느 정도 일치하는지 알 수 있기 때문이다. 즉 기후 모델의 결과가 과거 날씨와 일치하지 않으면 실패한 것이다

가령 캐나다의 엘즈미어 섬에 사는 악어들은 기후학자들을 기함하게 만들었다. 그린란드 북부에서 서쪽으로 약 30킬로미터 떨어진, 북극권에서도 제일 북쪽 끝에 위치한 이 거대한 섬은 지면의 약 40퍼센트가 얼음으로 뒤덮여 있다. 이렇게 온통 얼음뿐인 곳에서는 악어가 살 수 없다. 물론 5000만 년 전에는 지금보다는 훨씬 따뜻했을 테지만, 그래도 겨울에는 온도가 영하 4~5도 정도였을 거라고 기후 모델은 결론을 냈다. 이 정도 온도면 악어 같은 양서류는 살 수 없다. 그런데 이에 대해 독일 프랑크푸르트암마인에 있는 센켄베르크 연구

소의 디터 울은 이렇게 말한다.

"이 섬에는 5000만 년 전에 살았던 악어의 화석이 있습니다."

이는 기후 모델의 계산에 착오가 있음을 알려 주는 증거이다.

디터 울의 동료인 아르네 미힐스는 그 이유를 이렇게 짐작한다.

"기후 모델에서 식물은 거의 고려되지 않지요."

즉 숲과 사바나, 사막은 기후에 어마어마한 영향을 끼친다. 그런데 과거 식물에 대한 정확한 정보가 없어서 이 부분이 기후 모델에 반영되지 못한 것이다. 가령 숲이 있는지, 아니면 여름에 잠깐 풀이 자랄 뿐 늘 눈과 얼음으로 뒤덮인 툰드라 지대인지에 따라 북극 기후가 달라진다. 숲은 어두컴컴해서 밝은 툰드라 지역보다 태양 에너지를 더 잘 흡수하기 때문이다.

이 차이를 극명하게 보여 주는 예가 있다. 바로 1400만 년 전의 그린란드의 기후이다. 지금은 더 남쪽에서나 볼 수 있는 숲이 당시에는 그린란드에도 있었다. 숲은 열에너지를 끌어당기는 자석과도 같아서, 이 지역의 기온을 6도나 올라가게 만들었다. 아마 엘즈미어 섬의 악어들도 비슷하게 살아남을 만한 환경이 있었을 것이다. 기후학자들이 좀 더 많은 정보를 끌어모을 수 있다면 훨씬 나은 기후 모델을 개발하게 될 것이다.

그리고 완벽한 기후 모델이 개발되면 미래 세계의 다양한 가능성을 미리 예측해 볼 수 있을 것이다. 가령 인구가 천천히 증가할 때와 빨리 증가할 때, 경제가 급성장하거나 위기를 맞을 때, 인류가 에너지를 절약할 때와 낭비할 때, 인류가 방출하는 이산화탄소 양이 어떻게 달라지는지 등등을 산출해 낼 수 있을 것이다.

그러면 컴퓨터는 그 결과를 갖고 미래의 기온이 어떻게 변할 것인지를 계산한다. 현재 가장 현실성 있는 예측은 22세기에 지구의 온도가 1.1도에서 6.4도가량 상승할 거라는 것이다. '뭐, 그 정도쯤이야.' 하고 사소하게 생각할 수도 있지만, 그 결과는 사실 어마어마하다. 양 극지방의 빙하가 녹아내리면서 대륙의 해안가는 물에 잠길 것이고, 수많은 동식물이 갑자기 상승한 기온에 적응하지 못해 사라져 갈 것이다.

5장

식사 준비 끝!
기후 변화가 지구에 끼치는 영향

재료

하나뿐인 지구, 고유한 생태계, 잘 조정된 기후, 인류 문명의 성장, 빙하, 펭귄, 북극곰, 곤충, 뱀, 식물 세포

조리 시간

수십 년

조리 방법

인류가 기후를 최고 온도로 끌어 올리면 냄비, 즉 지구는 끓어 넘치게 될 것이다. 재료 중 몇몇 가지는 홀랑 타 버려서 먹을 수 없을지도 모른다. 그러면 남은 것만 먹어야 한다. 왜냐하면 다른 냄비가 없으니까.

기후 변화로 인해 바닷길이 열렸다는 소식은 언뜻 희소식처럼 들리기도 한다. 2007년에서 2009년까지 여름이면 북극해의 빙하가 녹아내리면서 유럽 배들이 스칸디나비아를 거쳐 시베리아 위로 지나가거나, 캐나다 북부에서 일본과 중국으로 곧장 갈 수 있게 되었다. 이렇게 되면 종전의 바닷길이던 파나마 운하나 수에즈 운하를 거치는 것보다 이동 거리도 짧고 운하 통행비도 내지 않으니 비용이 훨씬 절약된다. 선박업자들은 아주 좋아할 만하다. 하지만 기후학자들은 빙하가 녹아내리는 현상이 상상도 못한 문제들을 가져올 것이라고 예측하고 있다.

포츠담에 위치한 알프레드 베게너 연구소의 유르겐 그레서는 2007년에 독일인으로는 처음으로 러시아 동료 스무 명과 함께 유빙을 타고 북극해를 탐험하고자 했다. 사실 러시아 사람들은 이미 1937년부터 이 방식으로 탐험했는데, 그때마다 적당한 유빙을 찾는 데 별 문제가 없었다. 그런데 기후가 변하기 시작하면서, 2007년에는 유빙을 찾기가 무척 힘들었다. 여름이 한참 지난 9월 18일이 되어서야 길이 5킬로미터, 폭 3킬로미터인 유빙을 찾아 기지를 만들 수 있었다.

하지만 얼음 연구가들의 걱정이 북극에서 연구하는 게 어려워졌기 때문만은 아니다. 북극해의 빙산은 '기온 유지'와 '기온 상승' 사이를 전환하는 스위치와도 같다. 이제까지는 스위치가 '기온 유지'에 맞춰져 있었다. 태양빛은 여름에 북극의 하얀 빙하 위에 떨어지면 반사되어 대기 중으로 되돌아가고, 검은 바다 위에 떨어지면 물속에 흡수되어 물의 온도를 높인다. 따라서 북극해에 빙하가 적어질수록 기온은 상승한다. 기온이 상승하면 얼음이 또 녹고, 다시 기온은 상승하는 현상이 꼬리에 꼬리를 물듯 일어나게 되는 것이다.

학자들은 지구의 평균 기온이 0.5도에서 2도만 상승해도 스위치는 '기온 상승'으로 바뀔 것이라고 예상하고 있다. 그런데 지난 세기 동안 이미 평균 기온은 0.8도가 상승했다. 스위치는 이미 눌러졌는지도 모른다.

거대한 빙하 그린란드

학자들은 기후를 조절하는 또 하나의 스위치가 그린란드를 뒤덮은 대륙 빙하(대륙의 넓은 지역을 덮는 빙하. 남극 대륙이나 그린란드에서만 볼 수 있다.)라고 여긴다. 그런데 이 스위치도 문제다. 과거 13만 년 전부터 12만 7000년 전에 기온 상승 현상이 일어났는데, 기후학자들은 인류가 기후 변화를 적극적으로 막지 않는 한, 2100년쯤에는 기온이 그때만큼 올라가리라고 예측하고 있다.

약 13만 년 전, 그린란드의 기후는 지금보다 3도가량 높았다. 거대한 섬의 북쪽은 여전히 대륙 빙하로 덮여 있었지만, 남쪽은 얼음이 거의 다 녹아내렸다. 학자들은 그때 녹아내린 빙하의 양이 현재 그린란드 빙하의 절반에 이르렀으리라 추측한다. 빙하가 녹아내리는 데는 천 년 이상 걸렸을지도 모른다. 하지만 오늘날의 해수면이 무려 2.2미터에서 3.4미터는 높아질 만한 양이었다. 만약 지금 기후가 그

바다로부터 솟아 올라온 빙붕의 해수면 높이는 고층 빌딩보다 더 높은 것도 있다.

렇게 변한다면, 함부르크나 로테르담 같은 해안 도시, 몰디브 제도나 방글라데시 같은 나라는 물에 잠겨 버리고 말 것이다.

이것만이 아니다. 오늘날 그린란드의 대륙 빙하는 두께가 3,000미터가 넘는 곳도 있다. 이 얼음들이 모조리 녹으면 해수면이 7미터 넘게 상승할 것이다. 그런데 이게 끝이 아니다. 그린란드의 지면은 현재보다 3,000미터가 내려가고, 기온은 지금보다 15도는 더 높아질 것이다. 일단 그린란드의 빙산이 모조리 녹아 버리면, 기온이 다시 내려간다고 해도 빙산은 되돌아오지 않을 것이다. 그리고 이것으로써, 기후 변화는 다시 되돌릴 수 없는 상황으로 지구를 몰아갈 것이다.

기후학자들이 인류가 지구의 평균 기온을 2도 이상 올라가게 만들면 안 된다고 경고하는 이유가 바로 이것이다. 만약 기온이 그 이상 올라가면 13만 년 전처럼 그린란드의 대륙 빙하들이 녹아 버릴 것이다. 그 당시에 비록 그린란드의 대륙 빙하 절반이 녹아 버리긴 했어도, 두께가 3,000미터가 넘는 대륙 빙하는 다행히 녹지 않았던 덕에 원 상태로 돌아갈 수 있었다.

부유하는 빙산

미래의 기후는 그린란드 반대쪽인 남극에도 좋지 않은 상황을 가져올 수 있다. 남극의 서부에는 현재 대륙 빙하가 바다와 바로 맞닿은 채 바다 위에 얼어붙어 있다. 해수면이 상승하면 대륙 빙하도 서서히 떠오르게 되고, 빙산은 더 빨리 바다 쪽으로 흘러내릴 것이다. 물론 수천 년이 걸리겠지만, 서남극의 대륙 빙하가 모두 녹으면 해수면이 7미터가량 올라갈 것이다.

지구의 평균 기온이 3~5도 정도 올라가면 이 서남극의 대륙 빙하는 녹기 시작한다. 우리 인류가 기후 변화를 막는 대대적인 조치를 하지 않는다면, 2100년쯤에는 한계를 넘게 될 것이다.

반면 빙산이 띄엄띄엄 있는 남극의 동부는 아직 안정적이다. 이곳에는 거의 모든 강수가 눈의 형태로 내리는데, 그 덕분에 수백 년 동안 내린 눈이 거대한 얼음층을 만들었다. 이 얼음도 강물처럼 바다 쪽으로 흘러가는데, 적당한 조건이 되면 지면으로부터 분리되어 최고 1킬로미터 두께의 거대한 얼음덩어리로 바다를 떠다닌다. 육지 쪽에는 이 '빙붕'(남극 대륙과 이어져 바다에 떠 있는 300~900미터 두께의 얼음덩어리로, 전체적으로 일정한 크기가 1년 내내 유지된다. 남극 전체 얼음 면적의 약 10퍼센트를 차지한다.)이 대륙 빙하에 단단히 붙어 있지만, 바다 쪽으로는 수천 개의 빙산으로 떨어져 나간다.

남극 동부에서는 떨어져 나가는 얼음보다 육지 쪽에서 증가하는 빙하가 더 많기 때문에 별 문제가 되지 않는다. 하지만 남극의 북쪽 끝인 '남극 반도'는 1970년부터 30년간 기온이 2도 이상 상승했다. 그 바람에 여름에는 빙붕 위의 눈이 녹아 대륙 빙하 틈에 고였다가 얼면서 팽창한다. 이 과정에서 대륙 빙하에 균열이 일어나서, 강한 서풍이라도 불면 대륙 빙하의 약한 부분이 쉽게 떨어져 나간다. 남극 반도의 라센 빙붕은 이런 과정을 통해 1986년 이래 1만 5,500제곱킬로미터에서 4,500제곱킬로미터로 줄어들었다.

기후 변화가 이미 이곳을 공격하기 시작한 것이다.

땅속의 메탄가스

이런 변화는 극지방만이 아니라 다른 추운 지역에서도 일어나고 있다. 러시아나 캐나다, 알래스카, 중국 동북 지역처럼 땅속 깊은 곳까지 항상 얼어 있는 곳, 즉 영구 동토층 말이다. 시베리아 동쪽에 있는 도시 야쿠츠크는 지하 200미터까지가 모두 얼어붙은 동토이다. 그보다 더 깊은 곳이 얼지 않는 건 지구 내부에서 나오는 열 덕분이다.

그런데 기후가 변화하면서 이 얼어붙은 땅속 동토가 서서히 녹고 있다. 이 변화는 지역 사람들에게 큰 문제가 되고 있다. 얼어붙은 땅이 녹아 무너지면서 밭이 울퉁불퉁해져 트랙터를 쓸 수조차 없게 되었다. 또 울퉁불퉁해진 지면 탓에 수많은 철로가 못 쓰게 되었으며, 비슷한 이유로 비행기 활주로 또한 심각한 상황에 처했다. 석유와 가스를 나르는 송수관이 파손되었으며, 건물 벽에는 긴 균열이 생겨났다. 이대로 기후가 계속 변화한다면 피해 규모는 더욱 커질 것이다.

영구 동토가 녹으면서 일어나는 문제는 이것만이 아니다. 땅속 깊은 곳에서 영구 동토가 녹으면서 온실가스 중의 하나인 메탄가스가 땅속에서 대기 중으로 새어 나오고 있다. 이 얼어 있는 땅속으로부터 메탄가스가 얼마나 나올지는 아직 아무도 모른다. 하지만 영구 동토가 지구 육지 면적의 25퍼센트를 차지하고 있기 때문에 새어 나올 메탄가스의 양도 상당히 많을 것으로 추정된다.

메탄가스가 방출되는 양은 지역에 따라 다르다. 가령 동토층이 지하 몇 미터까지 형성되어 있는지, 그 위로 숲이 있는지, 물이 흐르는지 같은 여러 조건에 따라 메탄가스 배출량이 달라지는 것이다. 예를 들어 메탄가스는 늪에서 활발하게 만들어진다. 늪 내부는 산소가 부족하기 쉬운데, 이것은 메탄가스를 만드는 박테리아가 번식하기에 완벽한 조건이다. 거기에 습지에서 잘 자라는 사초과 풀이 물속에서 자라 올라오면 벽난로의 굴뚝처럼 메탄가스를 위로 끌어 올리는 역할을 한다.

온실 효과에 기여하기 위해 땅속의 작은 메탄 생산자들은 최고의 실력을 발휘할 필요도 없다. 원래 영구 동토에서는 메탄가스를 만드는 박테리아도 얼어붙어 수천 년 동안 끝없는 겨울잠을 잔다. 이 '잠꾸러기들'은 살아가는 속도가 매우 느리고, 그만큼 메탄가스도 아주 적게 내놓는다. 이 온실가스는 영구 동토에 수천 년 동안 모여 있다가, 땅이 녹으면서 순식간에 대기 중으로 날아가 버린다. 이를 두고 포츠담에 있는 알프레드 베게너 연구소의 한스 볼프강 후버텐은 이렇게 말했다.

"잠꾸러기들이 메탄가스를 얼마나 많이 내놓았는지, 그리고 변화하는 기후가 그중 얼마만큼을 대기 중으로 풀려나게 할지는 아직 아무도 모릅니다."

후버텐과 그의 동료들은 시베리아 연안과 그 앞쪽의 얕은 바다에 위험한 사태가 일어날 수도 있다고 예측한다. 그 바다에는 지난 빙하기 동안 450미터 두께의 영구 동토가 형성되었다. 그러다가 말기 빙하기 즈음 수면이 상승해 이 지역이 물 밑으로 가라앉게 되었다. 북극해의 차가운 물 덕분에 땅은 여전히 얼어붙어 있다.

하지만 북극의 기후가 변하면서 기온이 올라가게 되면 수면 아래의 영구 동토에는 수많은 구멍이 생기게 될 것이다. 동토 아래에는 메탄 하이드레이트가 많이 저장되어 있는데 갑자기 생긴 구멍을 통해 많은 메탄가스가 한꺼번에 방출될 수 있다. 이렇게 추가로 방출된 메탄가스는 또 기온을 상승시켜 동토를 녹게 할 것이고 그러면 더 많은 메탄가스가 나오게 될 것이다. 이처럼 세계 각지에 있는 영구 동토 또한 기후 변화를 일으킬 수 있는 또 하나의 전환 스위치이다.

산이 녹는다

기후 변화는 영구 동토뿐만 아니라 세계 곳곳의 산꼭대기에 쌓인 빙하도 녹게 만든다. 히말라야 산맥이나 그 외 중앙아시아에 있는 산의 얼음이 급속도로 줄어들면서 인근 지역 사람들을 심각하게 위협하고 있다. 산에 쌓인 빙하는 여름에 녹아 산 주변으로 흘러내려 광범위한 지역의 식수가 된다. 그런데 얼음이 사라지면 이 식수 또한 끊어져 사람이 살 수 없는 불모지가 되는 것이다.

이런 기미가 특히 강한 곳은 열대 지역의 산이다. 이곳의 빙하는 띄엄띄엄 외따로 떨어진 산꼭대기에 쌓여 있고, 기온이 올라가면 작은 얼음이 큰 얼음보다 훨씬 빨리 녹기 때문에 다른 곳보다 더 빨리 얼음이 사라지고 있다.

페루의 안데스 산맥은 1970년에서 1997년 사이에 빙하가 15퍼센트나 사라졌고, 2080년쯤에는 모두 녹아 없어질 것으로 추측된다. 볼리비아의 차칼타야 빙하는 1980년대부터 녹기 시작해 2009년에는 완전히 사라졌다. 아프리카에서 가장 높은 해발 5,895미터를 자랑하는 킬리만자로의 빙하도 2020년이 되면 더는 볼 수 없을 것이다.

빙하가 녹은 물은 결국 대양으로 흘러가 해수면을 상승시킨다. 연구자들은 1993년에서 2003년 사이 매년 해수면을 측정한 결과 3.1밀리미터씩 상승했음을 알아냈다. 그중 0.8밀리미터는 극지방 이외의 지역에 있는 빙하가 녹은 물 때문이었다. 만약 70여 개에 달하는 만년설과 16만 개의 빙하가 모두 녹는다면, 해수면이 51센티미터가량 상승할 것이다. 이 정도면 이집트에서만 1,200만 명이 수재민이 되기에 충분하다. 전문가들의 추정에 따르면 이런 수치는 전혀 비현실적인 것이 아니다. IPCC(기후 변화에 관한 정부 간 협의체. 1988년 11월 세계기상기구(WMO)와 유엔환경계획(UNEP)이 기후 변화와 관련된 전 지구적인 환경 문제에 대처하기 위해 세계 곳곳의 기상학자, 해양학자, 빙하 전문가, 경제학자 등 3,000여 명의 전문가로 구성했다.)는 이 상태로 기온이 상승하고 빙하가 계속 녹으면, 2100년에는 해수면이 19~58센티미터 상승할 것으로 예상하고 있다.

얼음 없는 알프스

알프스 산맥도 예외는 아니다. 취리히 대학의 지리학자들은 기후 변화로 인해 알프스의 빙하가 지난 150년 동안 거의 절반으로 줄었음을 알아냈다. 이런 추세는 지금도 계속되고 있다. 기후 모델에 의하면, 21세기 말까지 기온이 2도 올라가면 독일 쪽 알프스 산맥의 빙하는 영영 사라지게 될 것이다. 그리고 만약 3도가 올라가면 오스트리아 쪽 빙하는 겨우 10퍼센트만 남을 것이다. 몹시 안타깝게도 학자들은 이런 일이 전혀 비현실적인 망상이 아니라고 말한다. 스위스의 빙하는 이보다 상황이 조금 낫긴 하다. 규모가 더 큰 덕에 녹는 속도가 더디기 때문이다. 기온이 3도 상승하더라도 현재의 3분의 1 이상은 보존될 거라고 한다. 하지만 그게 전부다.

빙하가 녹으면 스위스와 오스트리아뿐만 아니라, 인접한 지역도

곤란해진다. 여름에 알프스 빙하가 녹아서 라인 강과 론 강, 인 강으로 흘러가기 때문이다. 만약 빙하가 모두 사라진다면, 알프스 계곡의 개울만 마르는 게 아니라 중부 유럽의 큰 강들도 수량이 줄어들 것이다. 강의 수심이 얕아지면 라인 강을 오가는 선박의 통행이 제한될 수 있다.

이런 일들은 불편함과 크나큰 경제적 손실을 가져오지만, 생명에 지장을 주지는 않는다. 얼음덩어리가 줄어들면서 야기하는 진짜 심각한 문제는 따로 있다.

스위스 그린델발트 지역의 빙하는 여름마다 조금씩 줄어들고 있다. 원래 산의 가파른 경사면이 무너지지 않는 건 얼음이 받쳐 주기 때문이다. 그런데 빙하가 녹으면 떠받치는 힘이 사라져 경사면이 무너진다. 바로 이런 일이 2005년 5월 베른 쪽 알프스에서 일어났다. 부피가 50만 제곱미터나 되는 산의 일부가 바다로 추락한 것이다. 해발 1,650미터의 산 중턱에 위치해 있던 한 식당은 산비탈이 80미터나 떨어져 나가는 바람에 벼랑 끝에 아슬아슬하게 매달린 꼴이 되고 말았다.

이처럼 기후 변화는 산의 절반을 무너뜨리기도 한다. 그런데 이런 일이 꼭 빙하의 감소 때문에 일어나는 것은 아니다. 오늘날 알프스 산맥 북쪽의 비탈면은 해발 2,000미터에서 2,200미터 이상부터는 1년 내내 얼어 있다. 때론 이 영원한 얼음 제국이 해발 1,200미터부터 시작되기도 한다. 이곳은 꽁꽁 언 얼음이 산맥의 암석층을 강력 접착제처럼 꽉 붙들고 있다. 그런데 이 강력 접착제가 녹으면 위험해

기후 변화로 인해 스위스 그린델발트 지역 빙하의 절반이 무너졌다.

지고 만다. 2003년 기록적인 폭염에 마테호른의 땅속 얼음이 녹았을 때, 그리고 2005년 며칠간 따뜻한 날씨가 몽블랑 산을 데웠을 때, 산의 일부가 계곡 아래로 무너지면서 등산로 몇 곳이 매몰되었다.

압박받는 전문가들

큰 산에서 암석이 떨어지고 빙하가 사라지고 기온이 상승하면 산에 서식하는 식물들 또한 새로운 환경에 적응해야 한다. 특히 온난화는 알프스와 피레네 산맥, 지중해나 동부 유럽의 산에 사는 식물들 몇몇에 매우 치명적인 영향을 준다. 이 식물들은 마지막 빙하기 때 서늘한 고랭지에서 살아남았을 만큼 매우 추운 환경에 맞춰져 있기 때문이다.

이보다 더 치명적인 곳은 남아프리카의 케이프타운 지역일 것이다. 여기에는 지구상의 다른 지역에서는 볼 수 없는 희귀 식물들이 자라고 있다. 이곳이 너무 더워지면, 이 식물들은 이론상으로는 남극 방향으로 서식지를 옮겨야 한다. 하지만 안타깝게도 케이프타운과 남극 사이에는 바다가 펼쳐져 있다. 그러므로 이 식물들에게 기후가 변한다는 것은 멸종을 뜻한다. 이처럼 더위를 피해 다른 곳으로 옮겨갈 수 없거나 지구상에서 비슷한 환경 조건을 찾을 수 없는 동식물은 모두 같은 처지다. 지중해와 열대 쪽 안데스 산맥, 오스트레일리아 남서부가 이 경우에 속한다.

포츠담 기후 연구소의 볼프강 루흐트는 캐나다 북쪽과 시베리아의 거대한 숲도 위험하다고 여긴다. 지금도 그곳의 나무들은 겨울에는 기온이 영하 60도로 떨어졌다가 여름에는 35도까지 치솟곤 하는 극단적인 기온 차를 견디며 살고 있다. 그런데 기후 모델은 바로 이곳의 기온이 특히 큰 폭으로 상승할 것이라고 예측한다. 타이가 지대(북반구의 냉대 기후 지역에 나타나는 침엽수림. 원래는 시베리아에 발달한 침엽수림을 뜻하나, 넓게는 유라시아와 북아메리카 대륙의 북위 50~70도 지역에 분포하는 침엽수림을 이른다.)의 나무들이 과연 40도 혹은 그 이상의 폭염에도 견뎌 낼 수 있을지는 아무도 모른다.

볼프강 루흐트는 이렇게 설명한다.

"열대 나무들은 이런 상황이 닥치면 넓은 입맥을 통해 많은 수분을 내보냅니다."

그러면 수분이 증발하면서 잎이 식는다. 하지만 북쪽 지방의 나무들은 추위로부터 자신을 보호하기 위해 잎이 가늘고 좁다. 따라서 이곳 나무들은 수관으로 물을 끌어 올릴 수가 없기 때문에 더위에 약하다. 이렇게 약해진 나무들은 곤충들에게 이상적인 먹잇감이 되며 화재 시에도 쉽게 타 버린다.

온실화되어 가는 지구에서는 지구촌 곳곳이 변화할 수밖에 없다. 심지어 사막도 예외가 아니다. 아프리카의 칼라하리 사막에서는 붉은 모래 언덕들이 대체로 제자리를 지키고 있었다. 칼라하리 사구 대부분에 식물들이 무성하게 자라며 그 뿌리가 모래를 꽉 붙들고 있었기 때문이다. 물론 특히 건조한 남부 사막에는 식물들이 별로 없지만, 그곳은 바람이 약하기 때문에 모래는 거의 이동하지 않았다.

하지만 기후 변화가 그 지역에 좀 더 강한 바람을 일으키고 기온을 상승시키면서 지표면이 점점 더 메마르게 된다. 모래가 건조해지면, 식물들은 살기 어렵고 쉽게 바람에 쓸려 움직인다. 기후 모델은 20세기 말까지 남아프리카의 거대한 사막 지대의 모래 언덕들이 모두 이동하게 될 것이라고 예측한다. 그렇게 되면 이 지역 사람들은 실로 힘든 상황에 처하게 될 것이다. 엄청난 양의 모래가 수많은 밭과 목초지, 주택 들을 뒤덮어 버릴 것이기 때문이다.

녹아내리는 사냥터

식물계를 포함한 모든 자연환경이 변한다면 당연히 동물들도 생존에 위협을 받게 된다. 두꺼운 얼음층이 있어야만 사냥할 수 있는 북극곰들이 온실가스 효과로 인한 가장 유명한 희생자이다. 북극곰들은 얼음층에 난 구멍 앞에 몇 시간씩 꼼짝 않고 앉아 있다가 물개가 나타나면 번개처럼 재빨리 낚아챈다. 그러나 이런 사냥법은 얼음층이라는 사냥터가 사라지면 불가능해진다.

지금도 북극 남부에 사는 북극곰은 여름이 되면 고통스러워진다. 북극곰들이 쫓아갈 수 없을 만큼 바다 얼음이 너무 먼 북쪽으로 사라져 버리기 때문이다. 그래서 곰들은 여름철 넉 달 동안 가까운 육지에서 작은 포유류나 새, 풀이나 이끼, 야생딸기 등을 먹으며 버틸 수밖에 없다. 가끔은 마을에서 나온 쓰레기를 뒤지고, 그것조차 없으면 아예 굶어야 한다. 그런데 이런 기아의 시간이 점점 길어지고 있다.

캐나다의 작은 도시 처칠의 남서부 해안가는 얼음이 30년 전보다 3주나 더 빨리 녹는다. 그 바람에 동물들은 여름 동안 굶주림을 참기 위해 필요한 지방을 충분히 저장할 시간이 점점 더 부족해지고 있다. 특히 암컷 북극곰은 봄에 새끼 곰들과 깨어나는데, 여름 동안 충분한 식량을 얻을 수 없어 고통스러울 뿐만 아니라, 살아남을 기회마저 점점 줄고 있다.

이 해안가에서 북극곰의 수는 지난 20년간 거의 4분의 1이나 줄

었다. 현재 남아 있는 곰의 수는 1,000여 마리 미만이다. 이곳뿐만 아니라 다른 지역에 사는 북극곰들도 벌써 온난화로 인해 고통받고 있다. 아직은 2만 내지 2만 5,000여 마리의 북극곰들이 북극의 넓은 빙하 위에 살고 있다. 하지만 학자들은 10년 이내에 그중 30퍼센트가 사라질 것이라고 우려한다. 상황이 이러니, 바다 위를 떠다니는 유빙에 의존하는 고리무늬물범이나 바다코끼리도 곧 곤궁에 빠지게 될 것이다.

배고픈 펭귄

남극 빙하 세계에 사는 펭귄들의 미래도 어둡기는 마찬가지이다. 이미 많은 펭귄들이 기후 변화 때문에 고통받고 있다. 남극 반도 팔머 연구 기지 근처에 사는 아델리펭귄의 개체수는 지난 30년간 4분의 1로 줄어 몇 년 후면 아예 이 지역에서 볼 수 없을 것으로 예상된다. 이 지역의 수온이 올라가면서 아델리펭귄의 주식인 크릴새우가 점점 줄어들고 있기 때문이다. 게다가 온난화가 진행되면서 초봄에 자주 폭설이 내리는 바람에 아델리펭귄들이 알을 부화하는 데 어려움을 겪고 있다.

키 1미터에 몸무게가 14킬로그램이나 되는 황제펭귄도 사정은 마찬가지이다. 이 멋진 연미복 신사들은 암수가 어린 새끼를 함께 키운다. 부모 중 한쪽은 새끼 옆에 붙어 새끼를 노리는 천적으로부터 보호하고, 다른 한쪽은 부화 장소에서 수백 킬로미터나 떨어진 바다에서 작은 오징어나 물고기를 사냥한다. 이 사냥꾼들은 며칠 동안 150차례나 잠수를 해서 배 속에 20킬로그램의 먹이를 넣고 집으로 돌아와 쫄쫄 굶은 파트너와 교대를 한다. 그리고 배 속에 넣어 뒀던 먹이를 토해 새끼에게 먹인다.

하지만 기후 변화는 이 노련한 부모의 치밀한 보육에 훼방을 놓기 시작했다. 스트라스부르 대학의 교수들은 1998년부터 남인도양 포제시옹 섬의 황제펭귄 새끼들 몸에 작은 칩을 이식했다. 그리고 지면에 안테나를 묻어 놨는데, 이 안테나는 새들이 이곳을 지나갈 때마다 수신 신호를 받아 학자들에게 보냈다. 그 덕분에 학자들은 황제펭귄이 성장한 뒤 어떻게 되었는지 추적할 수 있었다.

학자들은 매년 이 연미복 신사들이 몇 마리씩 행방불명된다는 걸 알게 되었다. 자연의 법칙에 따라 물범이나 바다표범의 먹이가 되

었을지도 모른다. 하지만 어떤 해는 유난히 많은 펭귄 파트너들이 사냥을 나갔다가 돌아오지 않았고, 그래서 새끼들도 많은 수가 자라지 못했다. 여기서 학자들은 특이한 연관 관계를 밝혀냈다. 즉 물이 따뜻해질수록 포제시옹 섬으로 되돌아오는 펭귄 수가 줄어들고, 그에 따라 부화 성공률도 낮다는 사실이었다.

이 경우에도 펭귄의 수가 줄어드는 이유는 역시 먹이 부족 때문이었다. 수온이 상승할수록 물고기나 오징어의 먹이가 되는 해조류가 덜 자라고, 먹이 피라미드 위에 자리한 펭귄의 배 속도 텅텅 빌 수밖에 없다. 전문가들의 계산에 따르면 수온이 0.26도만 상승해도 황제펭귄의 수가 9퍼센트 감소한다고 한다. 하지만 IPCC는 앞으로 10년마다 전 세계 기온이 평균 0.2도씩 상승할 것으로 확신한다. 따라서 온실화에 따라 지구가 점점 더워지면 머지않아 남극해의 황제펭귄들은 모두 굶어 죽고 말 것이다.

산소 부족과 폭염으로 인한 사망

기후학자들은 다른 바다 생물들에게도 좋은 소식을 전할 수가 없다. 심해에 사는 생물들이 공기를 공급받지 못하게 되어 가고 있기 때문이다.

원래 고위도 지방은 차가운 날씨 덕에 생물에게 꼭 필요한 산소를 풍부하게 공급할 수 있었다. 그린란드의 빙하로부터 불어오는 차가운 바람이 캐나다와 그린란드 사이의 래브라도 해를 차갑게 만들어 준다. 물은 섭씨 4도일 때 가장 무겁기 때문에 4도짜리 바닷물은 품고 있는 산소와 함께 심해 속으로 가라앉는다. 그런 뒤 아주 강한 해류를 타고 해저를 따라 흐르면서 심해 생물들에게 산소를 공급해 준다. 그런데 온난화 때문에 래브라도 해의 수온이 올라가면 예전보다 차가운 물이 적게 가라앉을 것이고, 그러면 심해 생물들에게 공급하는 산소의 양도 줄어들 수밖에 없다. 게다가 심해의 산소는 박테리아들이 죽은 유기물들을 분해할 때도 필요하다.

전문가들은 이런 과정을 통해 산소가 부족해지고 있다는 사실을 이미 알고 있었다. 특히 1960년 이후 아프리카 서남부 나미비아 대서양 연안 수심 300~700미터 사이와, 북태평양의 수심 100~400미터 지역에서 심각한 산소 부족이 나타났다. 하지만 그 이후로 다른 지역에서도 심해의 산소량이 줄고 있다. 기후 모델은 이렇게 기온이 계속 상승하면, 산소도 계속 줄어들 것이라고 예측했다.

곧 몇몇 지역들에서 참다랑어를 비롯해 빠르게 헤엄치는 어류들에게 산소가 부족해질 것이다. 또 북해의 어류들도 산소 부족에 시달리게 될지 모른다. 물이 너무 따뜻해지면 물고기들의 몸은 순환에 어려움을 겪게 된다. 그러면 약해지고 성장이 더뎌지며 번식력도 떨어진다. 기후 변화로 가장 큰 타격을 받는 어종은 북해의 대구다. 대구는 원래 섭씨 0도에서 12도 사이의 한류에서 알을 낳는다. 특히 선호하는 온도는 6도 이하이다. 그런데 1990년대 이후로 북해는 6도 이하의 한류가 드물어졌다. 1월부터 6월까지 북해의 평균 기온은 8도가 넘었다.

배고픈 철새와 낯선 곤충들

이렇듯 삶이 급격히 변화한 것은 비단 바다 생물들뿐만이 아니다. 예전에는 어린 딱새들이 살기에 그런대로 괜찮았다. 새끼가 태어나면 어미는 맛있는 애벌레를 새끼들의 주둥이에 끊임없이 물어다 줄 수 있었다. 새끼 철새들이 막 알을 깨고 나오는 때가 유럽의 숲에 영양가 많은 애벌레들이 우글우글한 시기이기 때문이다.

나무에 어린 싹이 돋아나고 약 3주 동안은 애벌레들이 아주 많다. 하지만 그 뒤로는 애벌레 수가 급격히 줄어든다. 그런데 문제는 바로 여기에 있다. 온난화 때문에 수년 전부터 숲이 과거보다 빨리 깨어나고, 그 바람에 애벌레의 성장 기간이 16일로 단축된 것이다. 반면 딱새들은 겨울 서식지인 서아프리카로부터 거의 정해진 시기

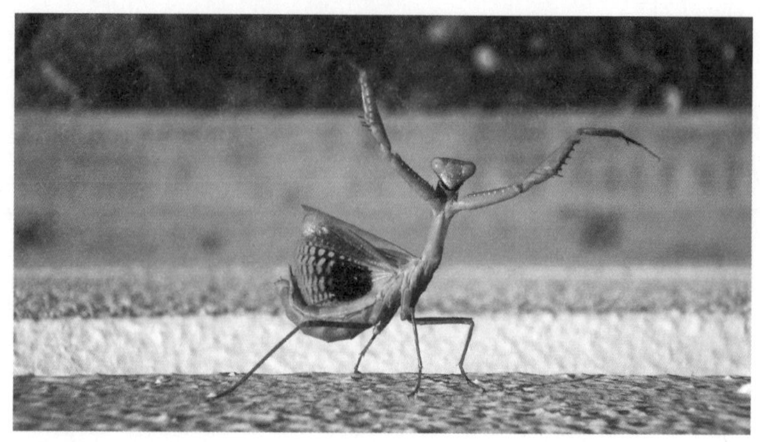

기후 변화가 진행되면서 황라사마귀들이 추위 때문에 못 올라갔던 북쪽 지역으로 진군하고 있다.

에 돌아오기 때문에 산란 시기를 맘대로 앞당길 수가 없다. 부화 시기만 겨우 열흘 정도 앞당겨졌다. 그러다 보니 새끼 새들은 애벌레들이 많은 시기를 제대로 만끽하지 못하고, 굶주린 채 둥지에 있을 때가 많아졌다.

이처럼 기후 변화에 빨리 적응하지 못하는 딱새들이 계속 살아남을 수 있을까? 애벌레가 더 일찍 나오는 지방에서는 작은 새들의 개체수가 최고 90퍼센트까지 감소했다. 전문가들은 다른 철새들도 상황은 마찬가지라고 말한다.

반대로 몇몇 곤충들에게는 기후 변화가 종을 널리 번식시킬 절호의 기회가 되고 있다. 예를 들어 바덴뷔르템베르크 주에서는 1990년대 이후 매년 지중해 지역으로부터 낯선 곤충이 날아오는 바람에 곤혹을 겪고 있다. 이 벌레들은 예전에는 카이저슈툴처럼 유난히 더운 지역에만 나타나던 종들이었다. 하지만 지금은 더위를 좋아하는 곤충 종들이 독일 전역으로 확산되고 있다. 마치 앞발을 들고 기도하려는 메뚜기처럼 생긴 기이한 황라사마귀는 라인 강을 따라 심지어 상류인 라인란트팔츠 주까지 진군했다.

새로운 동물, 새로운 전염병

새로운 곤충이 출현한다고 해서 늘 반가울 리는 없다. 어떤 곤충은 위험한 질병을 옮기기도 한다. 동아프리카에서 말라리아를 옮기는 것으로 악명 높은 아노펠레스 모기가 지금까지는 너무 추워서 접근하지 못했던 고지대까지 올라왔다.

프랑크푸르트에 있는 센켄베르크 연구소의 울리히 쿠흐는 "이 현상이 말라리아 확산에 어떤 영향을 미치게 될지는 아직 아무도 모른다."고 말했다. 그는 지금까지 말라리아로부터 안전하다고 알았던 지역에서도 말라리아 모기가 출현할 수 있다고 보고 있다.

이런 문제는 열대 지방에서만이 아니다. 울리히 쿠흐는 "뎅기열이 앞으로는 유럽에도 나타날 수 있다."고 경고한다.

뎅기열은 심한 독감과 비슷한 증상을 보이며 내출혈을 일으키는 바이러스성 질병인데, 이것이 전 세계적으로 확산될 가능성이 나타난 것이다. 이 질병은 아시아호랑이모기로 알려진 흰줄숲모기가 옮기는 것으로 유명한데, 이 모기들은 그 사이 지중해뿐만 아니라 스위스까지 북상했다 .

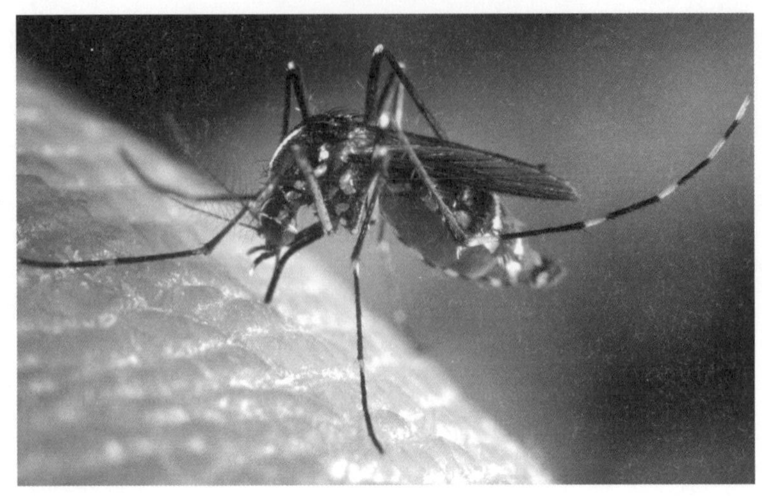

흰줄숲모기가 무임 승차로 독일까지 왔을지도 모른다.

하이델베르크 대학의 학자들은 2007년에 라인 강 주변에서 이 흡혈모기의 알을 발견했다. 울리히 쿠흐는 이렇게 말했다.

"이 모기가 독일에 얼마나 확산되어 있는지는 아직 파악되고 있지 않습니다."

이 모기는 육지뿐 아니라 전 세계 어디로든 여행할 수 있다. 자동차 타이어나 행운목 같은 교역 상품들과 함께 배를 타고 전 세계로 퍼질 수 있기 때문이다. 때로는 사람의 체취를 맡고 열린 자동차 창문 사이로 날아들기도 한다. 이렇게 휴가 차량에 무임 승차해서 이탈리아에서 독일로 오는 것쯤은 문제도 아니다. 그리고 아무도 모르게 차에 올라탔던 것처럼, 또 아무도 모르게 중간 지점 어디에든 하차할 수 있다.

그 밖의 다른 곤충류들도 사람을 쏘거나 피를 빨면서 위험한 병원균을 옮길 수 있다. 곤충들이 바이러스에 감염된 피를 빨아 먹으면, 곤충의 타액선 근처에서 바이러스가 배로 늘어난다. 그런 뒤 다른 사람을 물면 바이러스가 옮겨지는 것이다.

사람이 앓게 되는 건 이 타액에 바이러스의 수가 충분할 때이다. 수치상으로는 1밀리리터에 최소한 바이러스가 무려 10만 개 이상은 있어야 한다. 그런데 이런 농도에 도달하려면 타액선에 있는 바이러스가 수천 번을 증식해야 하고, 활발한 증식이 일어나기 위해서는 따뜻해야 한다. 그렇게 따뜻한 날이 사나흘 지속되면 병원균은 어마어마하게 늘어난다.

기후 연구가들은 독일에도 앞으로 바이러스가 증식하기 좋은 더운 여름이 자주 찾아올 거라고 예상한다. 그러면 이미 이탈리아 토스카나까지 침투한 흡혈 파리인 샌드플라이가 옮기는 바이러스를 독일 땅에서도 볼 수 있을지도 모른다. 이 바이러스는 감기와 유사한 증세를 가져오며 사흘간 고열을 일으킨다.

반면 생명에 치명적인 황열(아프리카 서부와 남아메리카에서 볼 수 있는 악성 전염병)은 걱정하지 않아도 된다. 독일에는 병원균을 옮길 수 있는 모기 종류가 많지만 열대 지역처럼 줄곧 덥지 않을뿐더러 바이러스 숙주인 원숭이도 없기 때문이다. 또 독일은 열대 열원충에 의해 유발되는 말라리아에도 아직 안전하다.

진드기의 전성기

반면 진드기는 이미 활개를 치기 시작했다. 따뜻한 겨울이 계속되었던 지난 몇 년간, 진드기뿐만 아니라 진드기가 특히 기생하기 좋아하는 쥐도 살아남기가 수월해졌다. 겨울에 살아남는 쥐가 많아질수록 진드기도 영양분을 풍부하게 섭취할 수 있다. 그리고 진드기의 수가 늘어나면 진드기가 옮기는 질병 또한 당연히 늘어난다.

1990년대만 해도 독일에서는 여름에 유행하는 뇌막염(FSME) 환자가 1년에 평균 100명도 채 되지 않았다. 그러던 것이 2006년에는 500건 이상 보고되었다. 이 여름 뇌막염은 증상이 심한 경우 신경 손상까지 일으킨다. 현재 이 질병은 중부 유럽에서 점점 북쪽으로 확산되는 추세로, 이미 핀란드와 노르웨이, 스웨덴에서도 발병했다는 보고가 있다.

진드기는 위험한 몇몇 병원균을 옮긴다.

어떤 진드기는 콩고-크림 출혈열(CCHF : 1944년 크림 전쟁에 참전했던 러시아 군인들 사이에서 처음 나타났고, 1956년에는 콩고에서도 발병해서 이 같은 이름이 붙었다.) 바이러스를 옮긴다. 이 바이러스에 감염되면 고열과 오한에 시달리고 구토와 전신 근육통이 나타나기도 한다. 심할 경우엔 출혈이 생기거나 사망할 수도 있다. 콩고-크림 출혈열을 일으키는 진드기는 지금까지는 유럽 동남부 발칸 반도까지만 진출했다. 하지만 평균 기온이 지금보다 상승한다면 이 진드기도 독일을 서식지로 삼게 될지 모른다.

행군하는 뱀

기온이 상승하면 곤충만이 아니라 동물들도 북쪽으로 올라올 것이다. 이로 인해 인간이 위험에 처할지도 모른다. 2007년 장맛비가 심하게 내려 방글라데시 곳곳이 물에 잠기고 수백만 명이 집을 잃었다. 전문가들은 홍수 이후에 콜레라 같은 전염병이 창궐할 것이라고 예상했다. 하지만 울리히 쿠흐에 따르면 결과는 달랐다.

"익사 다음으로 많은 사망 원인은 뱀이었습니다. 홍수가 나자마자 보건 당국이 즉시 콜레라와 다른 수인성 질병에 대비한 시설을 마련한 덕분에 환자들은 모두 목숨을 건질 수 있었습니다."

반면에 독을 가진 이 파충류에 대해서는 아무도 예상하지 못했던 것이다.

홍수가 나면 뱀은 사람이 피신하는 곳과 같은 높이로 도망간다. 따라서 대대적으로 대피하는 상황에서는 뱀을 만날 위험이 평소보다 훨씬 더 높다. 또 뱀의 종류에 따라 생사도 달라진다. 가령 코브라에게 물리면 효능 좋은 해독제가 있지만, '크레이트'라는 독사에게 물리면 어떤 치료제도 소용이 없다. 동남아시아에서는 해마다 많은 사람들이 흑백 줄무늬가 있는 이 1~2미터 길이의 독사에게 물린다. 이 독사가 내뿜는 독은 마비를 일으켜서 결국 호흡 정지로 죽게 만든다. 오늘날 방글라데시에서만 매년 6,000명이 뱀에 물려 죽는다. 앞으로 위험은 더욱 커질 것이다.

기후학자들은 온난화되어 가는 지구에 홍수가 점점 더 잦아질 거라고 예상한다. 이때 사람과 파충류가 더 자주 맞닥뜨리면 희생자도 증가할 것이 뻔하다. 기온이 상승하는 미래에는 크레이트 같은 뱀도 따뜻한 북쪽으로 이동할 것이다.

매력적인 전망

다행히도 이런 비극적인 일들이 독일에서는 아직 두드러지게 나타나고 있지 않다. 하지만 알레르기성 재채기나 쉴 새 없이 흐르는 눈물, 천식 기침 등은 흔하다. 의사들의 소견에 따르면 기후 변화는 알레르기 환자들에게도 큰 영향을 줄 것이라고 한다.

이 문제는 2006년을 살펴보면 분명해진다. 그해 9월, 10월, 11월은 잇달아 최고 기온을 경신했다. 즉 공식적으로 날씨를 기록하기 시작한 1901년 이후로 가장 더운 가을날이 계속되었던 것이다. 수많은 사람들이 희뿌연 안개 속에 앉아 있는 대신, 쨍쨍 내리쬐는 해를 만끽하느라 여념이 없었다. 하지만 그해 겨울 역시 너무 따뜻하자, 알레르기 환자들은 환상적인 날씨의 어두운 이면을 느끼기 시작했다. 나무들이 일찍 꽃을 피우면서 덩달아 꽃가루들이 날아다니기 시작한 것이다. 그리고 이런 일은 점점 더 잦아지고 있다.

21세기 들어 베를린에서는 자작나무의 개화 시기가 1980년대보다 평균 9일이 앞당겨졌다. 반면 개화기가 끝나는 시기는 겨우 이틀 앞당겨졌을 뿐이다. 이는 자작나무 꽃가루 알레르기 환자들이 눈이 퉁퉁 붓고 쉴 새 없이 콧물을 흘리는 기간이 일주일이나 길어졌음을 뜻한다. 또 개암나무와 오리나무 꽃가루에 알레르기가 있는 사람들도 예년보다 더 일찍 손수건과 천식 스프레이를 준비해야 한다. 이 나무들도 30년 전에 비해 10일에서 14일 더 일찍 개화하기 때문이다. 심지어 개암나무 포자는 12월 초부터 날아다닐 때도 있다. 게다가 알레르기 환자들 중 많은 수가 여러 가지 포자에 반응한다. 따라서 운이 없는 사람은 개암나무가 이르게 개화한 12월 초부터 북미에서 들여온 국화과의 돼지풀이 지는 10월 말까지, 알레르기성 질환으로 고통받게 된다.

돼지풀 꽃가루는 유난히 지독한 알레르기를 일으키는 것으로 악명이 높다. 주개화기인 8월에서 10월 사이에 돼지풀은 한 포기로 수십억 개의 포자를 생산해 바람을 타고 번식한다. 다른 식물들이 대부분 져서 꽃가루 알레르기 환자들이 겨우 한숨을 돌리는 이 시기에 돼지풀 꽃가루가 지독한 알레르기성 질환을 일으키는 것이다. 북미에서는 꽃가루 알레르기 환자 4명 중 3명이 돼지풀에 반응하는 것으로 기록되어 있다. 워싱턴 D.C.에 있는 '미국 천식과 알레르기 협회'의 보고에 따르면 국민의 10~20퍼센트가 돼지풀 알레르기를 앓고 있다고 한다.

돼지풀의 씨앗은 수출 상품에 묻어 전 세계로 퍼져 나간다. '천식 식물'이라는 별명으로 유명한 이 신출내기는 이미 호주와 유럽 일부에 널리 퍼져 있다. 오스트리아와 스위스에서도 몇 년 전부터 돼지풀 수가 증가하고 있으며 헝가리와 그 이웃 나라들, 프랑스 리옹 주변과 이탈리아 밀라노 주변에도 이미 많이 퍼져 있다.

돼지풀이 유입되면서 환자도 늘고 있다. 주민 12퍼센트가 돼지풀 알레르기를 앓는 지역이 있을 정도다.

다행스럽게도 독일의 알레르기 환자들은 이 식물 때문에 과민 반응을 보이는 일은 없다. 이미 19세기부터 곡물 수입과 함께 이 식물이 독일로 들어왔지만, 지금까지는 정원 같은 특정 장소에서 소수의 개체만이 자라는데, 그 이유는 돼지풀 씨앗이 새 사료에나 이따금 들어 있었기 때문이다. 만약 겨울에 새 사료를 새집 안에 뿌려 줬다면, 나중에 꼭 잡초를 뽑아 줘야 한다. 그렇지 않으면 이 환영할 수 없는 식물이 정원 가득 자라 버릴 수도 있다.

20세기 말까지 돼지풀은 독일 대부분 지역에서 자연 상태로는 그다지 늘지 못했다. 꽃이 늦게 피는 이 식물이 제때 씨앗을 만들기에는 독일의 여름이 너무 짧은 탓인 것 같다. 하지만 기후가 변하면 이런 장해물은 없어진다.

독일 남서부의 만하임이나 카를스루에처럼 독일에서 비교적 따뜻한 지역에서는 2001년부터 2010년까지 유휴지, 정원, 선로 주변, 도로변 등에서 돼지풀이 수없이 자라고 있다. 또 동북부의 콧부스와 남부의 니더바이에른의 식물학자들도 이 달갑지 않은 식물에 대해 보고한 바 있다. 독일 연방 환경청의 조사에 따르면 이 얼마 되지

기후 변화가 지속되면서 돼지풀은 북쪽으로 서식지를 늘리고 있다. 이는 알레르기 환자들에게 심각한 위협으로 다가온다.

않는 개체들이 초래하는 질병 치료비는 해마다 무려 3,000만 유로에 달한다고 한다.

반면 잡초 꽃가루 알레르기가 있는 사람은 어쩌면 기후 변화 때문에 좀 살 만해질 수도 있다. 덥고 건조한 여름 기후 속에서는 잡초가 잘 자라지 못하고 꽃도 덜 피기 때문이다. 비가 많이 내리는 해에 농부들은 벌초를 보통 세 번 한다. 벌초가 끝나자마자 잡초는 꽃을 피운다. 하지만 건조한 해에는 세 번 중 두 번은 벌초를 생략하고 잡초도 꽃을 피우지 않는다. 이런 해에는 잡초 꽃가루 때문에 발생하는 불편함이 평소보다 확 줄어든다. 무더웠던 2003년 여름과 2006년 여름, 잡초 꽃가루 알레르기 환자들은 편히 숨을 쉴 수 있었다. 아마도 이들은 앞으로 이런 기회를 좀 더 자주 갖게 될 것이다.

6장

아궁이 불을 바꿔 볼까? 미래의 색다른 에너지

재료

부글부글 끓는 기후, 에너지 부족, 의욕을 잃은 사회, 우유부단한 정치가들, 뛰어난 기술자와 학자들, 태양, 물, 식물, 지열

조리 시간

수 초에서 수십 년

조리 방법

이미 알고 있는 것처럼 많은 요리사들이 기후라는 요리를 망치고 있다. 70억이나 되는 지구인들은 지금까지는 꽤 맛있게 기후 요리를 즐겼다. 그런데 그것이 이제는 새까만 숯덩어리가 될 조짐을 보이고 있다. 한 명 한 명이 자기 집을 난방하고 차를 몰고 또 가스 불 온도를 조금씩 더 '높게' 올리고 있기 때문이다. 하지만 70억 인구가 별다른 불편함 없이도 가스 불을 '약하게' 줄일 수 있다. 이미 오래전부터 뛰어난 기술자와 학자 들이 이를 위한 수많은 조리 방법을 만들어 내고 있기 때문이다. 여기서 그중 몇 가지를 소개해 보기로 한다. 이 조리 방법이 제대로 먹히면 요리가 성공할지도 모른다. 물론 인류 모두가 한마음으로 협조해야 가능한 일이다.

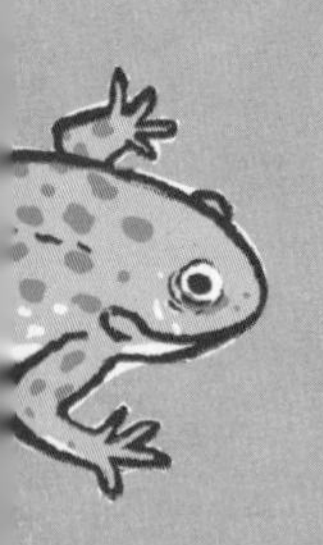

기후 변화가 얼마나 큰 경제 손실과 불편함을 낳고 생명까지 위협하는지 알아보았다. 이를 막기 위해 앞으로 '어떻게' 해야 할까?

1997년 일본 교토에서 열린 국제회의 참가자들이 세계 기후를 구하기 위한 최초의 요리법을 궁리해 냈다. 이 요리법을 '교토 의정서'라고 한다. 회의 참가자들은 어느 나라가 온실가스를 얼마만큼 줄일 것인지 협의하고 국제 합의서에 그 내용을 담았다. 산업국가들은 2012년까지 의무적으로 1990년보다 온실가스를 5퍼센트 적게 배출하기로 했다. 나라별로 목표량은 조금씩 달랐다. 가령 유럽연합 15개 회원국은 평균 8퍼센트를 줄이기로 결의했다. 그중 독일은 온실가스를 21퍼센트 줄이기로 했다. 반면 개발도상국들에는 일단 제한을 두지 않았다. 산업국가들은 자기 나라 안에서만 아니라 외국에서도 다양한 조치를 통해 합의를 지키기로 했다.

기후 연구가와 환경 단체 들이 이런 노력을 하는 이유는 오직 하나다. 무서운 재난을 막기 위해서다. 그러기 위해서는 19세기 중반 산업화가 본격적으로 진행되던 때보다 평균 기온이 2도 이상 올라가지 않게 막아야 한다. 이 목표를 이루기 위해서는 대기 중 이산화탄소 농도가 360ppm(100만분율. 어떤 양이 전체의 100만분의 몇을 차지하는가를 나타낼 때 사용된다. 신선한 공기의 양에 대한 유독가스의 비율처럼 주로 부피에 대해 사용한다.) 이하여야 한다. 산업화가 시작되기 전에 대기 중 이산화탄소의 농도는 280ppm이었다. 그 뒤로 인류는 너무나 많은 이산화탄소를 방출하여, 2008년에는 급기야 385ppm에 이르렀다. 1995년에서 2005년 사이에만 매년 1.9ppm씩 증가했다.

그러나 아직 늦은 건 아니다. 비록 이산화탄소 농도가 한계인 360ppm을 넘긴 했지만 아직은 평균 기온이 2도 높아지는 것을 막을 기회가 있다. 다행히도 기후는 이산화탄소 농도에 비교적 천천히 반응하는 편이다.

전문가들이 계산한 바에 따르면, 2050년까지 1990년에 비해 온실가스가 절반만 배출되어야 한다. 그러면 지구의 평균 온도가 지금보다 2도만 올라갈 가능성이 75퍼센트나 된다. 하지만 이 계획이 성공한다 하더라도 여전히 많은 문제들이 남아 있다. 예컨대 전 세계 인구의 절반은 물 부족으로 고통받게 될 것이다. 지금 당장 기후 보호를 위한 조치를 단행해야 한다.

그렇다면 구체적으로 무엇을 해야 할까? 우리가 집을 따뜻하게 덥히고 차를 몰기 위해 석탄과 석유, 천연가스를 사용할 때마다 온실가스가 발생한다. 따라서 온실가스를 줄이려면 우선 에너지부터 절약해야 한다. 방법은 간단하다. 자동차나 전철을 타는 횟수를 줄이고 차를 천천히 몰면 에너지도 아끼고 배기가스도 줄일 수 있다. 에너지 소모가 적은 자동차를 개발하는 것도 한 가지 방법이다. 아니면 아예 자동차 연료 자체를 배기가스가 나오지 않는 것으로 바꾸는 방법도 있다. 풍력으로 전기를 만들고 그 전기로 충전한 전기 자동차 같은 것들 말이다. 하지만 이런 조치들은 우리 모두가 다 함께 해야 할 일이다.

우리가 날마다 쓰는 전기용품도 마찬가지다. 일반 전구보다 절전 램프가 전기를 훨씬 덜 먹는다. 또 건물 벽의 갈라진 틈을 메우면 난방 연료를 아낄 수 있다. 석유나 석탄 같은 화석 연료 대신 온실가스를 내뿜지 않는 지속 가능한 에너지를 쓴다면 기후 변화를 막을 수 있을 것이다.

선진국들은 개발도상국들이 가능한 한 에너지를 아끼면서 발전할 수 있도록 지원하고, 전기가 개통된 곳에서 절전 램프를 쓸 수 있게 도와주어야 한다.

태양의 도움

태양은 재생 가능한 에너지를 공급한다. 다행스럽게도 지구가 이제까지 존재해 온 시간만큼이나 태양 에너지를 쓸 수 있다. 인류가 측정한 바에 따르면, 태양은 "영원히 사라지지 않을" 것이다. 태양은 시간당 1,018킬로와트의 1.08배 분량의 태양 복사 에너지를 지구로 보내고 있다. 이 태양광 1년분이면, 인류가 1만 년 동안 쓸 수 있다.

일부 생명체는 이 에너지를 직접적으로 사용하기도 한다. 도마뱀과 뱀이 밤새 차가워진 몸을 움직일 수 있도록 햇빛 아래 몸을 누이는 식이다.

기술자들도 하늘에서 쏟아지는 에너지를 활용할 다양한 아이디어를 생각해 내고 있다. 가령 태양열은 도마뱀의 일광욕과 비슷한 원리로 이용된다. 즉, 뜨겁게 내리쬐는 태양열로 물을 데워 온수를 만들고 이것으로 난방을 하는 것이다. 태양열 발전소 역시 같은 방법으로 태양열을 모아 온도가 500도에 이르는 뜨거운 수증기를 만든다.

도마뱀은 특히 일광욕을 즐긴다.

그리고 이 수증기의 힘으로 터빈을 돌려 전기를 만들어 낸다. 일조량이 풍부한 지역에서는 태양열 발전소가 그 근처 사람들에게 필요한 전기를 공급할 수 있다.

독일항공우주연구소(DLR)는 전기 대신 수소를 생산하는 태양열 발전기를 연구하고 있다. 수소는 휘발유나 경유처럼 자동차 연료로 쓸 수 있다. BMW와 크라이슬러 같은 자동차 회사들은 이미 오래전에 수소로 달리는 자동차를 개발했다. 이때 수소 자동차에서 내뿜는 배기가스는 물이다. 앞으로 더 많이 연구되어야 하지만, 수소 자동차가 친환경적으로 가동될 때까지 태양은 족히 40억 년은 빛나고 있을 것이다.

수력 발전 역시 태양 에너지가 없으면 불가능하다. 태양이 바다와 식물의 수분을 증발시켜 구름을 만들고, 이 구름에서 눈이나 비가 내려 하천이 되기 때문이다. 따라서 낙차가 큰 곳에 떨어지는 물의 힘으로 터빈을 돌려 전기를 만들어 내는 수력 발전 뒤에는 태양의 힘이 숨어 있다.

풍력 발전에도 역시 태양 에너지가 필요하다. 일조량은 지역마다 천차만별이기 때문에 각 지역의 공기가 가열되는 정도도 모두 다르다. 지역의 기온 차는 기압 차로 이어지면서, 공기는 기압이 높은 지역에서 낮은 지역으로 이동한다. 이게 곧 바람이다.

파도도 바람이 일으키기 때문에 파력 발전도 태양 에너지가 있어야 가능하다. 조수간만의 차를 이용한 조력 발전의 배후에도 태양이 숨어 있다. 왜냐하면 태양의 중력과 달의 중력이 밀물과 썰물을 만들기 때문이다. 프랑스 노르망디를 비롯해 세계 여러 해안에서 조수간만을 이용한 조력 발전소가 전기를 만들어 내고 있다.

우리가 이 모든 발전소들을 만들려면 값비싼 기술력이 필요하다. 반면 자연은 똑같은 일을 훨씬 더 우아하게 한다. 나뭇잎은 햇빛을 받아 광합성으로 에너지를 만들어 잎과 나무, 뿌리를 만들 뿐 아니라 나중에는 땔감이 되어 에너지를 만든다. 사람이 나무를 태워 에너지를 얻는 것도 역시 태양 에너지가 있기 때문에 가능한 것이다. 그리고 태울 때 나오는 이산화탄소는 다른 식물이 자라면서 흡수해 버린다. 따라서 바이오매스(생물 연료)로부터 나오는 에너지는 기후변화에 도움도 해도 되지 않는 중립적 성격을 갖고 있다.

식물 연료

바이오매스 에너지를 사용하기 시작한 것은 근래의 일이 아니다. 우리 인간은 태곳적부터 나무를 태워 동굴 안을 따뜻하게 하고 음식을 익혔다. 하지만 오늘날에 이르러서는 더 다양한 바이오매스가 연료로 쓰이고 있다.

카를스루에에 있는 ITAS 연구소는 2030년까지 비교적 저렴한 비용으로 짚난, 오수, 오수의 침전물, 숲에서 나오는 식물 잔해들을 이용해 독일에서 필요한 전체 에너지 중 10퍼센트를 감당할 수 있음을 보여 주었다.

그렇다고 숲이나 밭에 있는 식물 잔해를 박박 긁어모을 필요는 없다. 그것은 의미 없는 짓이다. 부러진 나뭇가지라도 일부는 숲을 위해 꼭 필요하기 때문이다. 이런 나뭇가지에는 수많은 희귀 곤충이 살 뿐만 아니라, 다른 나무나 식물에게도 중요한 영양분이 된다. 대규모 농사를 짓는 농부들이 수확하면서 나온 짚 일부를 밭에 되돌려 놓는 것도, 역시 마찬가지로 밭에 영양을 주기 위해서다.

이 밖에도 우리는 옥수수나 유채 같은 농작물을 활용해서 에너지를 얻을 수 있다. 그렇다고 노는땅에 모조리 에너지 작물을 심으면 안 된다. 실컷 부려 먹은 땅이 다시 회복할 수 있도록 휴지기를 두는 건 중요한 일이다.

2006년에 에너지 작물과 식물성 쓰레기 등에서 뽑아낸 에너지는 독일 전체 에너지 수요의 3.7퍼센트를 감당했다. 하지만 이 수치는 이 식물성 에너지원이 갖고 있는 잠재적 에너지의 3분의 1에도 미치지 못한다. 따라서 이들을 잘 이용하여 더 큰 에너지를 얻을 수 있다면, 기후 변화를 막는 데 큰 도움이 될 것이다. 게다가 바이오매스는 비교적 저렴한 비용으로 에너지를 보충할 수 있다.

바이오매스는 화력으로 전기를 만들고, 이때 생긴 열을 주거지와 학교, 병원에 난방열로 공급하는 방식으로 쓰는 게 효과적인데, 이를 '열병합' 발전이라고 한다. 열병합 방식 덕분에 우리는 식물성 원료로 전기만 만드는 게 아니라 난방까지 할 수 있게 되었다.

하지만 기름 1톤보다 식물 쓰레기 1톤에서 발생하는 에너지가 훨씬 적다. 따라서 짚, 종이, 목재 조각, 그 밖의 식물 쓰레기들을 그냥 태우기보다는 두 단계에 걸쳐 가공하는 것이 현명하다. 방법은 이렇다. 일단 반경 25킬로미터 지역에서 마른 식물 쓰레기들을 수거해 뜨거운 모래와 섞는다. 그러면 이 혼합물은 단 몇 초 만에 500도까지 가열되면서 산소 없이도 분해된다. 이때 바이오오일과 바이오코크스로 된 슬러리(유동성을 가진 고체와 액체의 혼합물)가 생성되고, 가열한 모래에서 가스가 만들어진다. 1세제곱미터 크기의 슬러리가 내는 에너지는 같은 크기의 짚더미가 내는 에너지의 10배나 된다.

부피가 줄어들면 멀리 떨어진 중앙 시설까지 운반하기가 편리해진다. 중앙 시설에서 고압과 1,300도의 고온 상태를 만들어 주면 산소는 슬러리를 2~3초 만에 이른바 '합성가스'로 바꾼다. 합성가스는 바이오에탄올 같은 자동차 연료로 바꿀 수 있다.

그러나 전문가들은 바이오매스를 열병합 발전에 쓰라고 권한다.

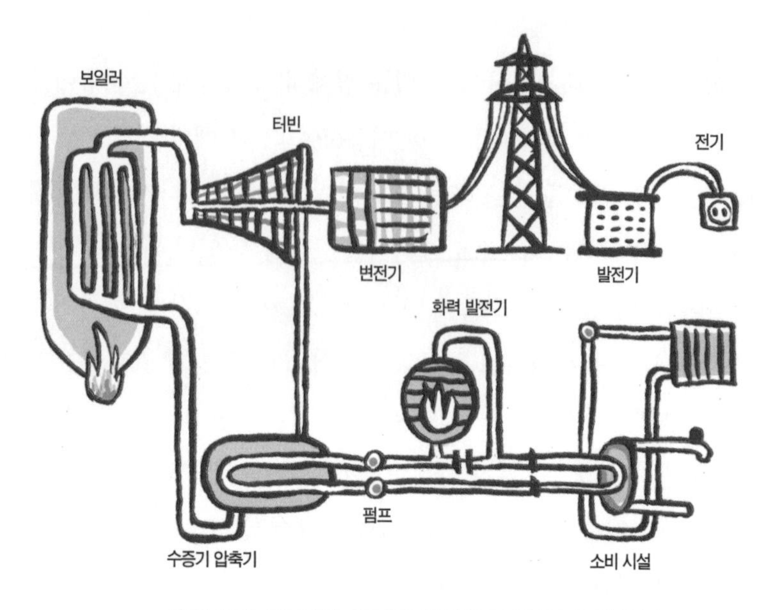

열병합 발전은 전기 생산과 가정 난방을 동시에 할 수 있어, 연료가 절반만 든다.

자동차 연료로 쓸 때보다 최소한 배 이상 효율적이며, 온실가스도 반으로 줄기 때문이다. 독일은 바이오매스 양이 빠듯해서 총 에너지 수요의 15퍼센트밖에 기여할 수 없기 때문에 가능한 한 효율적으로 사용해야 한다.

바이오매스에서 에탄올을 뽑아내는 것에 반대하는 의견도 있다. 바이오에탄올은 자동차 연료로 사용할 수 있고, 휘발유에 섞으면 이산화탄소도 줄어든다. 이 물질이 천연 소재에서 나왔기 때문이다. 예컨대 사탕수수에서 바이오에탄올을 뽑아낼 수 있는데, 사탕수수는 한편으론 설탕의 원료이기도 하다. 이처럼 식량이 될 수 있는 작물에서 에탄올을 뽑을 때는 생산량을 함부로 늘리면 안 된다. 그만큼 식량이 줄어들기 때문이다.

아프리카를 위한 오븐

전 세계 전문가들은 바이오매스 연구에만 몰두하지 않는다. 아직 지구상에는 아주 오래된 방식으로 조리하는 모잠비크, 말라위, 탄자니아 같은 나라들이 있다. 그 나라 사람들은 21세기 초인 오늘날에도 옥수수 떡 같은 '느시마'라는 전통 음식을 오두막 안 진흙바닥 위에서, 활활 타는 것도 아니고 저 혼자 조용히 파닥거리는 장작불에 올려놓고 요리한다. 연기가 코를 찌르는 이 개방식 불은 건강을 해칠 뿐만 아니라 엄청난 나무를 집어삼킨다.

하지만 그들은 이 장작불을 포기할 수가 없다. 왜냐하면 콩에서 옥수수에 이르기까지 음식 재료 대부분은 원래 독성 물질이나 위험한 병원균을 지니고 있는데, 이를 없애려면 익혀야 하기 때문이다. 이 가난한 사람들은 장작 말고는 다른 에너지원이 없다. 그런데 말라위 같은 나라에서는 수많은 사람들이 특정 지역에 모여 살기 때문에 거주지 주변 숲들이 이미 벌거숭이가 된 지 오래이다. 그래서 '기술적 협력을 위한 사회'(GTZ) 같은 구호 기관들은 말라위의 장작불을 개선하기 위해 노력 중이다. 태양열을 이용한 조리 기구는 별 소용이 없다. 이곳에서는 하루 세 번 음식을 하는데, 아침 식사 전은 물론이고 저녁 식사 전에도 해가 나지 않기 때문이다.

그래서 봉사 단체 사람들은 연소통과 작은 배기통으로 이루어진 간단한 화덕을 만들었다. 화덕 속에서 탄 나무 연기는 배기통을 타고 나가고 대신 연소통으로 신선한 공기가 유입되어, 적은 장작으로도 오랫동안 불이 붙는 제품이다. 그 결과는 주목할 만하다. 지금까지는 옥수수 요리 100리터를 만들기 위해 장작이 무려 170킬로그램 필요했는데, 이러한 '로켓 스토브'(적은 땔감으로 열효율을 높여 주는 화덕)를 사용하면 겨우 14킬로그램으로 같은 양을 만들 수 있다.

하지만 개발도상국 사람들에게는 바이오매스에서 에너지를 얻을 수 있는 또 다른 방법이 있다. 예를 들어 KfW, 즉 독일재건은행은 네팔에서 소똥과 사람 똥에서 바이오가스를 뽑아내는 간단한 설비 30만 개를 투자하고 있다. 이 입맛 떨어지는 원료들이 땅 밑 시멘트관 속에서 썩으면 섭씨 70에서 80도까지 온도가 상승한다. 이 정도 온도이면 똥 속에 있는 병원균을 죽이기엔 충분하다. 따라서 사람들

'로켓 스토브' 덕에 아프리카에서는 현재 많은 양의 에너지를 절약하고 있다.

은 화장실에서 걱정 없이 안심하고 볼일을 볼 수 있다.

사실상 이런 바이오 시설의 작동 원리는 자연에서 소똥이 분해되는 원리와 똑같다. 바이오 시설이나 소똥 모두 미생물이 똥을 분해하는데, 이때 아주 원시적인 박테리아가 여러 차례 분해를 통해 메탄을 만들어 낸다. 그리고 이 메탄이 연료 역할을 하는 것이다.

네팔에서 제조되는 이 설비는 소똥 6킬로그램으로 1세제곱미터 분량의 바이오가스를 만들어 낼 수 있다. 한 가족이 소 두세 마리를 키운다면, 매일 150분씩 요리할 수 있을 만큼의 바이오가스를 얻을 수 있다. 설비 안에는 썩은 슬러지가 남는데 이 역시 전통적인 퇴비로 사용했던 소똥보다 훨씬 더 이상적인 비료가 된다.

그리고 이 과정을 통해, 이 나라에 남은 마지막 숲이 더는 벌거숭이가 되지 않아도 된다. 숲의 식물들은 공기 중의 이산화탄소를 흡수할 것이고, 그 덕에 온실가스가 줄어든다. 이로써 기후 변화를 막을 수 있다.

아름다운 에너지의 신세계

아프리카의 가난한 농부들이나 네팔의 목동들은 바이오매스의 다양한 활용을 시도해 볼 법하다. 하지만 바이오매스가 전 세계적으로, 특히 새로 개발된 하이테크 시설에도 쓰일 수 있을까? 스탠포드 대학의 마크 제이콥슨과 캘리포니아 대학의 마크 델루치가 이 새로운 에너지에 관한 흥미로운 계산을 내놓았다. 이에 따르면 전 세계에 대체 에너지를 온전히 공급하려면 2030년까지 풍력 발전소 380만 개, 태양열 발전소 4만 9,000개, 거대한 태양광 전지 발전소 4만 개, 파력 발전소 72만 개, 조력 발전소 50만 개, 지열 발전소 5,000개 이상을 모두 만들어야 한다.

이런 거대한 프로젝트를 실현하기 위해서는 2030년까지 100조 달러를 투자해야 한다. 물론 전체 프로젝트의 완성 시기를 2050년으로 늦춘다면 세계 경제가 떠안는 부담이 조금 줄긴 하겠지만 말이다.

여기에서 현재 일반적인 5메가와트 성능의 풍력 발전기 380만 대와 0.75메가와트짜리 파력 발전기 72만 대면 필요한 에너지 수요의 절반은 충당할 수 있을 것으로 예상된다. 그러나 전문가들은 이따금 바람이 잦아들어 풍차가 돌지 못할 때도 있기 때문에 이론만으로 따지면 풍력 발전기의 성능이 최대 성능의 30퍼센트 정도에 머물 것으로 예상하고 있다. 또 풍차 사이에 둬야 할 간격을 고려하자면, 이 풍력 발전소는 지구 총 육지 면적의 1퍼센트를 차지하게 된다. 그러나 풍차 사이에 가축을 치거나 농사를 지을 수 있다.

두 미국인 학자는 집 지붕 위에 설치하는 태양광 전지 설비 17억 개, 태양열 발전소 4만 9,000개, 태양광 전지 발전소 4만 개에 대해서도 같은 계산을 해 보았다. 이 발전소들도 주변 환경에 따른 변수를 계산해 보면, 연간 최대 성능의 14퍼센트를 공급할 것이다. 태양은 하루 중 낮에만 나오고 그나마도 자주 구름에 가리기 때문에 14퍼센트는 이해가 가는 수치이다. 이는 세계 에너지 수요량의 40퍼센트를 충당하는 양이다.

이런 거대 발전소를 지으려면 지구 육지 면적의 30퍼센트가 필요하다. 총 수요 에너지 중 마지막으로 남은 10퍼센트는 기존의 수력 발전과 자주 건설되는 지열 발전, 조력 발전으로 해결될 것이다.

두 학자들은 연구를 마치면서 반가운 소식을 전했다. 2020년이면 풍력 전기가 4센트가 되어, 경쟁자인 화력 전기 8센트보다 절반이나 저렴해진다고 한다. 처음에는 엄청난 투자를 해야 하지만, 장기적으로 볼 때는 충분히 가치 있는 것이다. 이것은 풍력 전기뿐만 아니라 태양 에너지도 마찬가지이다. 태양 에너지는 이미 오래전부터 각 가정의 지붕에 설치해 태양광을 전기로 직접 바꿔 주는 태양전지보다 더 저렴하게 공급되고 있다.

율리히의 활활 타는 태양

독일 서쪽에 위치한 율리히 시 외곽에는 2,000개가 넘는 거울 위로 태양이 내리쬐고 있다. 2009년 8월 20일 이후로 이곳에는 소위 솔라 타워가 가동 중이다. 이곳의 2,153개 유리판을 모두 합한 면적은 총 1만 8,000제곱미터로, 바닥에 깔면 피파 규격 축구장의 2.5배 면적이다. 물론 실제로는 거울이 바닥에 깔려 있지 않고 비스듬히 서 있지만 말이다. 유리판마다 전기 모터가 달려 있어 해의 위치에 따라 거울의 기울기를 위아래나 좌우로 조정한다. 이 55미터 높이의 탑 꼭대기에는 이 장치의 심장인 '리시버'가 있다. 거울을 통해 모인 태양광은 수천 배 이상 집광되어 리시버에 도달한다.

발전소 책임자인 토마스 하르츠는 이렇게 말했다.

"철로 만들었다면 저 위에서 발생하는 고온을 결코 견디지 못했을 겁니다. 거울을 통해 집광된 태양광을 받은 철은 금세 벌겋게 달아서 녹아 버리고 말죠."

그래서 리시버는 탄화규소(SiC)로 되어 있다. 보통 탄화규소는 숫돌이나 연마포 같은 연마재로 사용될 만큼 매우 단단한 물질로, 섭씨 1,300도를 훨씬 넘어서야 증발한다. 리시버의 온도가 높을수록 집광된 태양광을 효율적으로 전기로 바꿀 수 있기 때문에 탄화규소를 솔라타워에 사용하는 것이다.

그렇다면 어떻게 태양광이 전기가 되는 것일까?

탄화규소로 만든 리시버의 안쪽에는 수많은 공기 통로가 있다. 리시버가 태양광을 받아 700도까지 가열되었을 때, 공기가 유입되면 뜨거운 수증기가 된다. 이 수증기가 수증기 터빈을 작동시킴으로써, 보통 1.5메가와트 전기가 만들어진다. 화력 발전소가 약 600메가와트의 전기를 공급한다는 점을 고려할 때, 이를 대체하려면 솔라타워 400개가 필요하다는 계산이 나온다.

만약 주민 대부분이 수영장을 가거나 휴가를 떠나서 아무도 전기를 쓰지 않는다면 어떻게 될까? 엔지니어는 고온의 공기를 수증기 터빈이 아닌 저장 탱크로 보낸다. 이 저장 탱크는 리시버와 비슷한 세라믹으로 만든다. 공기는 이곳에서 '벽돌' 같은 것을 데운다. 해가 구름 뒤로 숨거나 거울이 태양광을 더 이상 모을 수 없는 경우를 대비해서 벽돌에 열을 저장해 두는 것이다. 나중에 필요할 때가 되면, 뜨거운 벽돌 위로 공기가 지나가게 하여 수증기를 만들고, 그것으로 터빈을 돌려 전기를 만든다.

이 저장 탱크에 저장된 열로 한 시간 정도는 대체할 수 있다고 한다. 이 정도로는 해가 사라질 때마다 사용하기엔 부족하지만, 율리히의 솔라타워는 수익 추구가 아니라 연구 목적으로 세워진 시설이다. 어쨌든 독일에서는 일조량이 적어 앞으로 전망이 없을 것으로 보인다. 쾰른에 소재한 독일항공우주연구소에서 태양 연구를 주도하고 있는 로버트 피츠 팔은 이렇게 말했다.

"이 시설은 아마도 해가 훨씬 더 자주 나는 지중해 나라들에 세워질 겁니다."

지중해 지역은 맑은 날이 많아서 태양열 에너지를 생산하는 데 훨씬 유리하다. 사실 율리히의 솔라타워는 훗날 외국으로 매각할 첨단 기술을 시험하는 곳이다. 독일은 첨단 기술을 판 대가로 에스파냐, 알제리, 그리스 등에서 생산된 전기를 일부 가져와 사용하게 될 것이다.

솔라타워는 전기를 얻기 위해 남쪽 지역에서 태양광을 묶는다.

전기-인터넷

어쨌거나 중부 유럽에는 전기를 공급해 줄 지속 가능한 에너지가 충분하지 않은 것 같다. 유럽 전체와 인근 나라들이 다 함께 협력해서 화석 연료를 포기해야만 기후를 보호할 수 있을 것이다. 그래서 물리학자 그레고어 크치슈는 유럽과 인근 지역에 전기를 공급해 줄 대체물을 따져 보았다.

그의 생각은 아주 간단했다. 유럽 전체에서 한꺼번에 바람이 사라지거나 구름이 끼지는 않을 것이다. 그러므로 전 유럽이 협력해서 태양과 풍력 에너지를 사용하자는 것이다. 그레고어 크치슈는 자신의 생각을 시험해 보기 위해 지역을 선택했다. 북서쪽은 아이슬란드, 남서쪽은 세네갈, 남동쪽은 사우디아라비아, 북동쪽은 북서시베리아. 이 안에 사는 사람은 모두 11억 명이다. 북해와 북대서양은 겨울에 바람이 자주 강하게 부는 반면, 여름에는 모로코와 모리타니 같은 사막 나라들에 강한 바람이 분다.

그는 컴퓨터 프로그램에 다양한 데이터 외에도 미래의 에너지 공급을 위한 유동 조건들을 입력했다. 그 결과, 수자력 에너지는 이제 더 이상 증가하지 않을 것이라고 추측했다. 왜냐하면 이미 유럽과 이웃 지역의 수자원이 상당히 고갈되어 있기 때문이다. 환경운동가들은 발전소가 늘어나면 그만큼 자연환경도 더 파괴될 것이라고 생각한다. 게다가 인구 밀도가 높은 유럽 서부와 중부는 소음을 내는 풍력 발전소를 거부하는 곳이 많다. 그래서 기술 발전에 비해 풍력 발전소를 늘리는 데 제한이 많다. 반면 러시아 북쪽이나 북서아프리카, 카자흐스탄처럼 인구 밀도가 낮고 바람이 센 지역에는 이러한 제한이 거의 없다. 그곳은 인구가 극소수인 데다 거의 불모지나 다름없는 황량한 땅이다.

마침내 그레고어 크치슈의 컴퓨터는 낙관적인 결과를 내놓았다. 즉 아이슬란드와 사우디아라비아, 세네갈과 북서시베리아 사이에 사는 11억 인구에게 필요한 전기는 재생 가능한 에너지로도 충분하다는 것이다.

이를 위해서는 새로운 시설을 짓는 데 1조 4,000억 유로, 노르웨이 노스케이프와 사하라 사이에 전기를 분배하는 공급망을 설치하는 데 1,280억 유로가 들 것으로 보인다. 어마어마한 액수이긴 하지만, 앞으로도 계속 화석 에너지를 사용한다면 석탄과 가스 화력 발전소를 새로 짓는 데 이보다 더 많은 돈이 든다. 게다가 지속 가능한 에너지원을 이용할 경우 전기 자체도 더 저렴해진다. 지속 가능한 에너지 발전소에서는 시간당 1킬로와트의 전기료가 4.65센트가 될 것이다. 반면 새로운 원자력 발전소는 5.4센트, 새로운 석탄 화력 발전소는 심지어 7센트나 된다. 따라서 지속 가능한 에너지를 생산하는 시설을 유럽 전역과 이웃 나라들에 고루 분배한다면 기후 보호에 이바지할 수 있다.

컴퓨터 프로그램이 내놓은 가장 유리한 대안은 에너지의 3분의 2가량을 풍력 발전에서 얻는 복합-전기 방식이다. 바람이 많이 부는 지역이라 하더라도 어느 날 바람이 잦아들어 전기가 부족해질 수 있다. 그러면 바이오매스와 수력 발전으로 대체하는 방식이다. 스칸디나비아의 수력 발전소는 시간당 1,200억 킬로와트를 생산해 낸다. 이것만으로도 바람이 갑자기 잦아드는 돌발 상황을 해결하기에 충분하다. 유럽연합 전체가 연간 사용하는 전기 사용량이 시간당 약 3조 킬로와트이니까 말이다.

그렇다면 이런 상황에서 전기는 어떻게 배분해야 할까? 제일 좋은 방법은 사하라와 북러시아, 아이슬란드 사이에 거대한 전기 공급망을 구축하는 것이다. 그러나 지금까지와는 달리 교류(시간에 따라 크기와 방향이 주기적으로 바뀌어 흐르는 전류) 방식이 아닌 직류(시간이 지나도 전류의 크기와 방향이 변하지 않는 전류) 방식으로 보내게 될 것이다. 왜냐하면 장거리로 전기를 보낼 때는 직류 방식으로 보내야 전력 손실을 줄일 수 있기 때문이다. 반면, 교류에서 직류로 전환하는 과정에서의 손실은 기껏해야 0.6퍼센트 정도이다. 유럽 전역과 북아프리카에 직류 전기 공급망을 구축하면 이 지역의 전기 공급 문제를 해결할 수 있다.

전기 저장을 위한 시설들

발전소와 전선이 연결된 거대한 네트워크는 이미 준비 중이다. 전문가들은 북아프리카와 유럽 사이에 발전 장치와 전기망에 대한 계획을 세우고 있고, 북해에는 이미 풍력 에너지에서 나오는 전기 공급망이 확산되고 있다. 이 전기가 얼마나 필요한 것인지는 유럽과 북아메

태양 전지 한 개는 매우 힘이 약해서 태양광 발전소에는 수많은 모듈이 늘어서 있다.

리카를 비롯한 세계 여러 지역의 일상을 들여다보면 알 수 있다.

보는 사람은 없는데 텔레비전이 켜져 있고, 다른 방에서는 부부 중 한 사람이 환한 불빛 아래서 다림질을 하고 있다. 다른 한 명은 저녁거리를 전자레인지에 집어넣고 있다. 아이는 혼자 컴퓨터 게임을 하고 또 다른 아이는 여느 때처럼 휴대 전화를 붙들고 있다. 지구에서 잘사는 나라들에서 전기가 없는 삶이란 더 이상 없다.

그래서 우리는 전기의 크나큰 단점을 어쩔 수 없이 받아들이는 것이다. 프랑크 베렌트는 "전기는 지극히 순간적이다."라고 했다. 전기는 석탄처럼 지하실에 보관할 수도, 석유처럼 탱크에 저장할 수도 없다. 저장이 가능하다 해도 오직 극소량뿐이다. 그리고 그것이 얼마나 부족한지는 노트북을 써 보면 안다. 금방이라도 꺼질 것 같은 노트북을 쓰기 위해, 우리는 전기 공급이 가능한 곳이면 어디서든 콘센트를 찾지 않는가?

이렇듯 전기는 일시적이기 때문에 일단 생산되면 어디엔가 금세 써야 한다. 그러나 전기 사용량은 시간대에 따라 편차가 매우 크다. 따라서 전기 공급자는 전기 사용량이 증가하면 공급을 늘리고 감소하면 차단할 수 있도록 전기 공급원을 통제할 수 있어야 한다. 하지만 답답한 것은 많은 발전소들이 일시적으로 전기 공급량을 늘렸다 줄였다 할 수 없다는 사실이다. 전기 공급자들이 핵에너지 개발에 착수했을 때 거대한 전기 저장 장치를 고려해야 했던 것도, 원자력 발전소가 기술적인 이유로 금세 공급을 늘였다 줄였다 할 수 없기 때문이었다.

그래서 1978년 운터베저 원자로를 지을 때 가까운 훈트오르프에 세계 최초의 압축공기 저장 발전기를 함께 설치했던 것이다. 이 시설에서 가장 큰 부분을 차지하는 것은 800미터 깊이의 암염에 건설된 높이 200미터, 직경 70미터인 두 개의 인공 동굴이다.

전기 사용량이 줄어드는 밤이 되면, 거대한 압축기가 원자로에서 최고 60메가와트까지 과생산된 전기를 이용해 인공 동굴 안으로 공기를 집어넣는 작업을 한다. 8시간이 지나면 대기압의 최고 72배에 달하는 압축공기 7만 2,000톤이 저장된다. 그리고 전기 사용량이 최고점을 찍는 낮 시간대에 이 압축공기를 가스 터빈으로 보내어 천연가스와 함께 연소시킨다. 이때 터빈이 돌아가면서 전기를 만들어 내는데, 그 양은 2시간 동안 290메가와트 원자로가 생산하는 전력량의 약 25퍼센트 수준이다. 이렇게 압축공기 저장 발전기를 쓰면, 압축공기를 만드는 데 썼던 전기의 약 40퍼센트를 다시 전기로 바꿀 수 있다.

이에 대해 베를린 공과 대학의 에너지기술 연구소에서 일하는 크리스티나 보그나르는 다음과 같이 말했다.

"이러한 압축공기 저장소 중 일부가 앞으로 북해 해안의 땅속에 묻힌 암염 속에 만들어질 겁니다."

그녀는 해안에 자리잡은 대규모 풍력 에너지 공원을 염두에 두고 있다. 풍력 발전소는 바람이 불지 않으면 전기가 만들어지지 않는다. 풍속이 최소 1시간당 1킬로미터는 되어야 전기가 만들어지고 1시간당 50킬로미터부터 제 성능을 발휘할 수 있다. 그러다 설사 폭풍이 불어도 오늘날의 풍차는 끄떡없다.

태양열 에너지는 날씨나 시간대에 따라 생산하는 에너지 양이 달라진다. 따라서 앞으로 태양과 바람이 주된 에너지원이 되려면, 그만큼 전기를 저장할 거대한 저장소 개발이 꼭 필요하다. 지금까지는 양수식 발전을 이용해 왔다. 밤에 남아도는 전기로 펌프를 돌려 댐에 물을 끌어올린 뒤, 낮이 되어 전기가 모자라면 다시 물을 흘려보내 터빈을 돌려 전기를 만드는 방식이다. 이렇게 되면 물을 펌프로 끌어올렸을 때 사용된 전력의 80퍼센트를 다시 전기로 만들어 낼 수 있다. 대형 양수식 발전소는 독일에만 약 33개가 있으며, 이것으로 만드는 전력량은 총 6,600메가와트 이상으로, 원자력 발전소 5개가 내는 성능과 맞먹는다.

양수식 발전은 두 가지 장점이 있다. 첫 번째는 다시 전력으로 환원할 수 있는 에너지 양이 80퍼센트나 되어 효율이 탁월하다는 점이다. 둘째로는 발전 장치가 불과 몇 분 만에 풀가동된다는 점이다.

물론 단점도 있다. 저장할 수 있는 능력이 저장된 물의 양과, 수면과 터빈 간의 높이 차에 따라 달라진다는 점이다. 그래서 북독일의 낮은 지대는 고도차가 거의 없어서 양수식 발전이 무용지물이다. 또 유럽의 중부 산악 지대나 고지대도 적당한 자리는 모두 사용 중이고, 새로운 수력 발전소가 들어갈 만한 후보지는 수자원과 주변 문화를 망칠 수 있기 때문에 시설을 만들기가 어렵다.

그러나 독일의 기존 양수 발전소는 화력 발전소의 전기 생산량이 거의 일정한 가운데 유동적인 수요를 맞추느라 이미 최대로 가동되고 있는 실정이다. 대신 북해 연안에 추가로 들어설 압축공기 저장기들에 풍력 에너지로 과잉 생산된 전기를 저장할 수도 있다. 이곳에는 지하 암염 속에 동굴을 만들 수 있는 자리들이 많이 있다. 그러나 압축공기 저장 발전소는 자전거에 쓰는 공기 펌프를 관찰해 보면 알 수 있듯 큰 단점이 있다.

베를린 공과대학 에너지 창의센터에서 일하는 프랑크 베렌트는 '펌프질을 하는 동안 펌프와 공기가 꽤 뜨거워진다.'고 지적한다.

수백 배로 압축된 압축공기는 섭씨 600도가 넘지만, 지금으로선 이 열에너지를 쓸 길이 없다. 새롭게 시설을 만든다면, 뜨거운 압축공기가 냉각되어 동굴 속에 채워지기 전에 우선 열 저장소로 가도록 유도하는 장치가 있어야 한다. 즉 압축공기가 열 저장소에서 600도로 올라가면, 뜨거워진 공기가 터빈을 돌리고, 이로써 전기가 만들어지는 것이다.

이 방법을 쓰면 압축공기를 만드는 데 썼던 전력의 70퍼센트를 다시 만들어 낼 수 있다. 이 정도면 양수식 발전소에 근접한 수준이다. 또 좋은 점은 압축공기 동굴은 땅속에 있기 때문에 주변 경관을 해치지 않는다는 점이다.

전기를 전지에 임시로 저장하는 것은 매우 비싸다. 휴대폰이나 노트북, 손전등 같은 작은 전기 기기에는 유용할지 몰라도, 큰 기계를 전지로 움직이는 것은 쉽지 않다. 전기 자동차 배터리처럼 큰 것이라면 모르겠지만 말이다. 물론 대용량 저장이 가능해진다면 큰 도움이 될 것이다.

전기 자동차 수백만 대가 낮에는 도로를 달리고, 전기가 남아도

전기 펌프가 댐 위로 물을 끌어 올려 둠으로써, 전기가 부족할 때를 위해 전기를 저장해 둘 수 있다.

는 밤에 주차장에서 배터리를 충전한다면, 낮에 기계나 컴퓨터에 쓸 전기가 모자랄까 봐 걱정하지 않아도 될 것이다. 또 전기보일러나 세탁기도 심야에 저렴한 전기를 미리 충전해 놓을 수 있을 것이다.

절전 램프는 진짜 유리하다

배터리, 직류로 전기를 보내는 대규모 전기 공급망, 태양열 발전소, 풍력 발전소 등 눈부신 기술이 발전하는 현대 사회이지만, 이를 실현하기에는 안타깝게도 두 가지 문제가 있다. 첫째는 돈이 많이 든다는 것이고, 둘째는 기후 문제가 심각해서 모든 시설이 가동될 때까지 기다릴 시간이 없다는 점이다.

이 두 가지 문제를 해결할 수 있는 대처 방법은 오직 한 가지, 에너지를 가능한 한 절약하는 것이다. 다행히 절약할 수 있는 기술이 우리에게 있다.

구형 냉장고나 세탁기보다 전기를 훨씬 덜 쓰는 기능성 제품이 세상에 나온 지 이미 오래다. 물론 신제품은 전기를 많이 잡아먹는 구형에 비해 훨씬 비싸다. 그러나 몇 년만 쓰면, 절약된 전기료가 기계 값을 보상하고 남는다. 이로써 전기와 온실가스뿐 아니라 현금까지 절약된다. 벽에 단열 처리를 하거나 에너지 절약형 보일러를 설치하는 것도 마찬가지 효과가 있다. 그리고 공짜로 에너지를 절약하는 방법도 있다. 텔레비전을 끌 때 아예 코드까지 뽑아 두면 이산화탄소와 돈을 절약할 수 있다.

이렇듯 그동안 에너지 절전을 위한 수많은 아이디어들이 나왔다. 그런데 베를린 공과대학 환경보호기술연구소에서 일하는 마르쿠스 베르거는 이런 생각을 했다.

"기적의 에너지 절약법이라고 칭송받는 방법들이 정말 효과가 있을까? 괜히 도움도 안 되면서 돈만 쓰게 하는 건 아닐까?"

그는 절전 램프를 철저히 분석하기로 했다.

일반적인 백열전구는 오래전부터 전기를 빛으로 바꿔 왔다. 물론 지독히 비효율적이었지만 말이다. 소모된 전기 중 빛을 밝히는 데 이용된 에너지는 고작 5퍼센트에 지나지 않았던 것이다. 나머지 95퍼센트는 열에너지로 바뀌었다. 그렇다면 기존의 백열전구와 새로운 절전 램프는 기후를 보호하는 관점에서 봤을 때, 무엇이 어떻게 다를까?

마르쿠스 베르거와 그의 동료들은 총 에너지 사용량과 환경에 주는 부담, 즉 제품을 생산하고 실생활에 쓰고 폐기하는 동안 발생하는 문제까지 고려해서 백열전구와 절전 램프를 비교해 보았다.

그 결과, 8와트 절전 램프는 수명을 다할 때까지 40와트 일반 백열전구에 비해 전기 사용량이 20퍼센트에 불과했고, 환경에 주는 부담도 비슷했다. 40와트 백열전구 한 개를 8와트 절전 램프로 바꾸기만 해도 램프 하나를 쓰는 동안 대기 중 이산화탄소의 양을 150킬로그램이나 줄일 수 있는 것이다. 이것은 베를린에서 뮌헨까지 비행하는 승객 한 명이 배출하는 이산화탄소 양과 같다.

시원한 컴퓨터

전기 효율이 좋지 않은 대표적인 기계는 바로 컴퓨터이다. 디젤 자동차의 엔진은 운행 중에 연료에서 나오는 에너지의 41퍼센트를 사용하고 남는 열에너지를 배기관을 통해 배출한다. 반면 컴퓨터는 소모한 전기 대부분을 뜨거운 공기로 바꾼다. 작은 노트북이건 컴퓨터실의 거대한 장비이건 모두 비슷하다. 그로부터 배출되는 열이 사람과 기계에 해를 끼칠 정도이다.

그래서 컴퓨터실은 환기 장치나 에어컨 등으로 열을 식혀 줘야 한다. 때로는 컴퓨터가 소비하는 전기보다 열을 식히는 데 쓰는 전기가 더 많을 정도이다. 그 탓에 컴퓨터는 기후 살인자라는 악명을 얻었다. 그러나 베를린 공과대학 에너지 혁신 센터에서 일하는 마크 셰퍼는 컴퓨터실에서도 에너지를 절약할 묘안이 많다고 말한다.

서버용 컴퓨터 대부분은 1년 365일 돌아가기 때문에 어마어마한 양의 냉각 에너지가 필요하다. 이 에너지는 대부분 에어컨을 통해 공급되는데 알다시피 에어컨은 전기를 잡아먹는 주범이다. 그런데 에어컨 대신 방 안 공기를 낮출 간단한 방법이 있다. 서늘한 날에는 컴퓨터실 창문을 여는 것이다.

조금 더 힘든 방법도 있다. 실내 온도를 섭씨 26도에 맞추는 것이다. 컴퓨터실 대부분은 실내 온도를 22도로 맞추곤 하지만 컴퓨터

컴퓨터실에 쓰이는 에너지를 절약할 방법이 있다.

는 26도든 22도든 똑같이 잘 작동한다. 독일에서는 1년 중 7개월 정도는 실내 창을 열어 바깥 공기를 끌어들이는 것만으로도 26도로 유지할 수 있다.

그리고 컴퓨터실 근처에 일반 사무실이 있다면 서버에서 나오는 열을 보내 난방하는 설비를 갖춘다. 이렇게 하면 냉각 에너지와 난방 에너지 둘 다 절약할 수 있다.

지구 내부로부터의 열과 전기

온실가스를 대폭 줄이고 기후 변화를 막는 방법은 이 외에도 얼마든지 있다. 그중 하나는 냄새가 좀 고약하다. 적어도 아이슬란드에서는 욕실 온수가 섭씨 80도나 되는 데다 썩은 달걀 냄새 같은 것이 난다. 바로 유황 냄새다. 아이슬란드 인들은 이 냄새를 더는 맡지 못한다.

그러나 관광객들은 유명한 온천에서도 코를 실룩거린다.

아이슬란드를 방문한 관광객들은 네샤베들리르 지열 발전소를 방문할 때 유명한 온천에서 맡았던 것과 흡사한 냄새를 맡는다. 땅에서 나는 열을 이용한 네샤베들리르 지열 발전소에서는 시간당 90메가와트의 전기를 만들어, 아이슬란드에서 쓰는 총 전기량의 8퍼센트를 보급한다. 동시에 아이슬란드 수도인 레이캬비크에 83도나 되는 뜨거운 물을 초당 1,850리터씩 공급하고 있다.

아이슬란드 사람들은 온천의 원천이기도 한 지구 내부의 열로 열병합 에너지를 만들고 있다. 아이슬란드는 화산 지대가 많은 섬이다. 지하는 뜨거울 뿐 아니라 유황이 많기 때문에 섬 전체에 지열 에너지를 공급할 때 썩은 달걀 같은 유황 냄새가 난다. 그렇지만 지열은 이산화탄소 같은 온실가스를 전혀 배출하지 않는다. 아이슬란

대한민국은 어떨까?

- 2016년 3월에 발표된 한국전력공사 「전력통계속보 449호」에 따르면 대한민국의 발전설비는 수력 6.6퍼센트, 석탄 화력 27.8퍼센트, 유류 화력 4.3퍼센트, 가스 화력 32.9퍼센트, 원자력 22.0퍼센트, 대체 에너지 6.4퍼센트로 구성되어 있다.
- 실제 발전 전력량으로 따지면 수력이 0.9퍼센트, 석탄 화력이 32.4퍼센트, 유류 화력이 11.7퍼센트, 가스 화력이 18.3퍼센트, 원자력이 32.9퍼센트, 대체 에너지가 3.8퍼센트를 차지하고 있다.

드 사람 28만 명이 집 난방을 지열 에너지에서 얻으며, 수력과 지열을 모두 합치면 전 국민이 쓰는 전기와 난방, 온수에 사용하고도 남는다. 아이슬란드는 대략 에너지 수요의 75퍼센트를 지열 에너지로 얻고 있으며, 이 점에서 단연 세계 최고이다. 아이슬란드에서는 이미 에너지 전환이 이뤄지고 있다.

7장

진화하는 요리사, 미래라는 요리를 요리 중!

재료

수소, 해조류, 다른 이국적 물질들

조리 시간

20~30년

조리 방법

요리사 대부분이 최고의 학자와 기술자 들이 있어야 맛있는 요리를 만들 수 있다. 학자와 기술자 들은 태양 에너지로 물에서 수소를 만들고 유채와 해조류에서 연료를 뽑아낸다. 하지만 이 요리는 매우 타기 쉽다. 유의해야 한다.

185
183
181
179
177
175
173
171

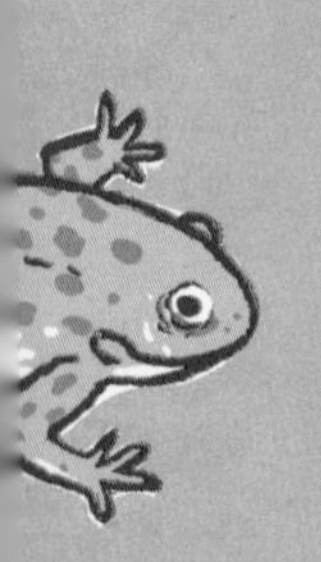

화석 에너지가 지속 가능한 에너지로 속속 대체되고 있지만, 교통수단만큼은 예외다. 현재 아이슬란드는 물론이고 다른 어느 나라에도 화석 연료 에너지로 움직이는 엔진이나 터빈을 대체할 만한 신기술이 없다. 게다가 이산화탄소는 다른 유해 물질들과 달리, 배기통에 정화 장치를 단다고 해서 걸러지지 않는다. 식물에서 뽑아낸 바이오에탄올은 장기적인 관점에서 봤을 때 대안이 될 수 없다. 왜냐하면 지구상의 논밭만으로는 점점 늘어나는 자동차 연료 수요와 인류의 식량 사태를 동시에 해결할 수 없기 때문이다.

그렇다면 연료로 사용할 수 있는 물질로 수소나 메탄올만 남는다. 기존의 자동차가 1킬로미터 주행 시 140그램의 이산화탄소를 방출하는 반면, 수소 차는 겨우 35그램을 내뿜는다. 숫자는 풍력 에너지나 휘발유를 얻기 위한 시설을 건설할 때 발생하는 이산화탄소까지 포함한 양이다. 수소 차 자체는 운행할 때 배기통에서 거의 수증기 정도만 나온다.

수소 차라면 연료를 충당하는 것이 그리 어렵지 않다. 유럽에서만 시간당 30억 메가와트의 액화수소를 생산할 능력이 있다. 이 정도면 필요한 연료를 다 충당하고도 남는다. 아이슬란드에서라면 훨씬 쉽게 해낼 수 있다. 지열이나 수력으로부터 얻는 에너지가 쓰고 남을 정도여서 머지않아 스칸디나비아가 새로운 수소 연료의 수출 국가가 될 수도 있다.

새로운 수소 기술도 이미 개발되어 있다. 수소 모터도 기존의 휘발유나 경유를 쓰는 엔진과 거의 차이가 없다. 단지 기존의 연료 대신 수소를 영하 253도의 특수 탱크에 보관해야 한다는 점만 빼면 말이다. 심지어 전문가들은 이것이 일반적인 휘발유보다 덜 위험하다고 본다. TÜV-쥐트도이칠란트의 엔지니어들이 수차례 충격 테스트를 하고 방화벽과 안전 밸브를 시험한 결과, 수소 탱크는 쉽게 폭발하지 않아 안전하다고 한다.

유럽에서 아이슬란드가 이미 새로운 수소 기술을 테스트했다. 수도인 레이캬비크 시내에는 연료 전지(연료의 연소 에너지를 열로 바꾸지 않고 직접 전기 에너지로 바꾸는 전지. 비용이 많이 들기 때문에 우주 로켓이나 등대 등의 특수한 용도에 쓴다.)로 운행되는 버스들이 있다. 연료 전지란 물을 전기 분해하면 수소와 산소로 분해되듯, 반대로 수소와 산소를 결합해 물을 만들면 전기 에너지가 발생한다는 데에서 착안한 장치이다. 연료 전지가 전기를 발생시키고 이 전기로 전기 모터가 돌아가면서 차가 움직이는 것이다. 만약 아이슬란드에서 시범 운행이 성공하면 수소 차는 유럽 대륙으로 진출하게 될 것이다.

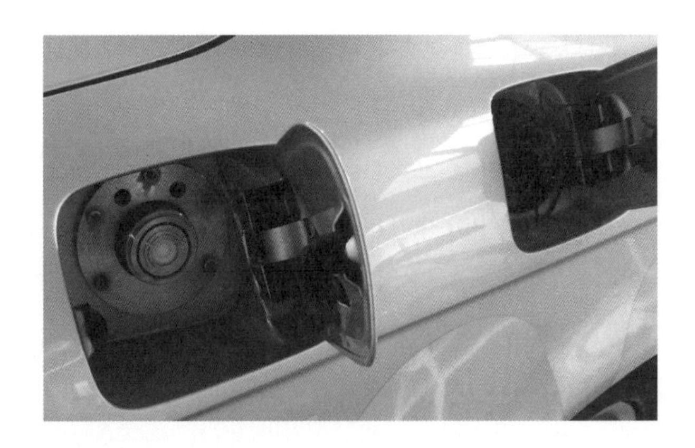

수소 자동차
연료 주입구

그렇게 될 경우 독일만 해도 최소한 주유소 2,000곳이 수소 연료를 공급할 수 있도록 새로운 기술과 저장 탱크를 완비해야 할 것이다. 환경세를 1퍼센트 올려 매년 주유소 100개를 수소 전용으로 개조한다면 20년 후에는 모두 바꿀 수 있다. 문제는 수소를 만들려면 전기가 필요하다는 점이다. 유럽은 풍력 에너지로 수소를 만드는 데 필요한 전기 일부를 만들 수 있다. 수력 에너지는 전기로 저장하기가 훨씬 낫다. 전기 사용량이 줄어드는 밤에 남아도는 전기로 수소를 만들면 된다.

미래에는 더운 나라들도 수소를 생산해 돈을 벌고자 할 것이다. 아라비아 사막에서는 태양열 발전기로 많은 수소를 생산할 수 있다. 유럽은 아라비아 사막에서 액화된 수소를 수입해 서서히 늘어나는 수소 충전소에 공급할 수 있다. 혹은 사하라 사막에서 태양열로 만든 전기를 수입해 직접 물에서 수소를 얻을 수도 있다.

한편 메탄올도 연료 전지처럼 전기와 이산화탄소, 물에서 얻을 수 있다. 메탄올은 생산 과정이 비록 복잡하지만 기체인 수소와 달리 액체 상태로 얻을 수 있다. 따라서 냉동해서 액화해야 하는 수소보다는 수송하기에 훨씬 더 간단하고 탱크에 저장하기 쉽다.

또 머지않아 전기를 사용하지 않고도 수소를 만드는 방법이 발명될지도 모른다. 쾰른에 있는 독일우주항공협회의 과학자들이 이를 위해 이미 연구 중이다. 실험을 위해 그들은 율리히의 솔라타워와 비슷하게 지어진 에스파냐 남부에 있는 솔라타워를 이용한다. 바닥에 반원형으로 서 있는 거울을 통해 내부 집열탑에 햇빛이 모인다. 이

251 249 247 245 243 241 239 237 235 233 231 229 227 225 223 221 219 217 215 213 211 209 207 205 203 201 199 197 195 193 191 189 187 185 183 181 179 177 175 173 171

집열탑은 화학자들이 '산화철'(철과 산소의 화합물로 삼산화이철, 사산화삼철 등이 있다.)이라 부르는 물질로 코팅되어 있다. 모인 햇빛이 이 흡수기를 섭씨 1,200도까지 가열하면 산화철에서 산소가 빠져나온다. 이때 800도에서 1,000도 사이의 수증기를 세라믹으로 내보내면, 산화철은 부족한 산소를 물에서 뺏어 온다. 물은 수소와 산소로 이루어져 있기 때문에 이 과정에서 홀로 남은 수소를 따로 모으는 원리이다.

바이오디젤의 문제

수소로 가는 교통수단이 실제로 쓰이기까지는 아직 수십 년이 더 걸릴 것이다. 반면 대체 에너지인 바이오디젤과 바이오에탄올은 이미 오래전부터 엔진에 사용되어 왔다. 물론 화석 에너지에 비하면 바이오 에너지가 차지하는 비율은 아주 미미하다. 그런데 많은 학자들과 환경 보호가들은 앞으로도 미미한 수준에 머무르기를 바란다. 바이오디젤이 기후에 미치는 영향을 정확히 따져 보면 그다지 좋지만은 않기 때문이다.

이론적으로 바이오 연료를 태울 때 발생하는 이산화탄소 양은 그 전에 식물이 자라면서 흡수했던 이산화탄소 양과 거의 같다. 따라서 바이오디젤로 내뿜는 이산화탄소는 이론상 추가적으로 발생하는 것이 아니어야 한다. 하지만 실제로는 그렇지 않다. 왜냐하면 바이오디젤을 만들 때 또 다른 온실가스가 발생하기 때문이다.

농부는 바이오디젤의 연료가 되는 유채를 키우기 위해 비료를 주어야 한다. 이 비료를 만드는 데 에너지가 쓰인다. 또 농부는 트랙터로 비료를 실어 나르며, 수확할 때도 기계의 힘을 빌린다. 이 역시 석유를 연료로 사용하기 때문에 이산화탄소가 발생한다.

식물이 성장하는 동안에도 미생물은 바닥에 넘쳐나는 비료를 분해하면서 속칭 '웃음 가스'라 불리는 이산화질소를 생산한다. 웃음가스 역시 이산화탄소와 마찬가지로 온실가스인데, 이산화탄소보다 대기를 300배나 더 뜨겁게 만든다. 비료에 사용된 질소의 약 1~1.5퍼센트가 웃음 가스로 공기 중에 방출되고, 이로 인한 기후 피해는 엄청나다. 수확한 식물을 압축해 바이오 연료로 가공할 때도 전기 에너지가 사용된다. 이 모든 과정에서 발생하는 온실가스를 모두 합해 보면 중부 유럽에서 재배된 유채로 제조된 바이오 연료는 기후적 관점에서 볼 때 원유에서 생산된 휘발유에 비해 겨우 30퍼센트가량 유리할 뿐이다.

미국에서는 대개 옥수수로 바이오에탄올을 생산하는데 이는 유채보다 더 비효율적이다. 공식 자료에 따르면 옥수수 방식은 화석 연료보다 겨우 20퍼센트 정도 기후에 유리하다. 반면 브라질에서 사탕수수를 가공해 에탄올을 얻는 방법은 꽤 괜찮다. 브라질에서는 사탕수수를 키우기 쉽고, 화석 연료 대신 식물의 잔여물을 태워서 에탄올을 증류하기 때문에, 화석 연료에 비해 이산화탄소 배출이 60퍼센트나 적다.

그러나 더 중요한 사실이 있다. 그것은 이제까지는 식량으로 이용되던 식물을 에너지 연료로 쓰는 비율이 늘고 있다는 사실이다. 유

251 249 247 245 243 241 239 237 235 233 231 229 227 225 223 221 219 217 215 213 211 209 207 205 203 201 199 197 195 193 191 189 187 185 183 181 179 177 175 173 171

채는 연료로 이용될 뿐만 아니라 마가린의 원료이기도 하다. 하지만 식품보다 에너지 연료용으로 파는 게 더 유리하기 때문에 많은 농부들이 식품 공장 대신 바이오에탄올 제조업자들에게 유채를 공급한다. 사실 이 자체로는 별 문제가 되지 않는다. 마가린을 만들기 위해서라면 유채 대신 팜유를 쓰면 되니까. 실제로 새로운 팜유 농장을 짓기 위해 빈번히 열대 우림이 개간되고 있다. 하지만 열대 우림이 사라지면 그 안에서 살던 오랑우탄이나 침팬지 등이 삶의 터전을 잃을 뿐만 아니라 온실가스인 이산화탄소를 빨아들여 주는 숲이 없어지게 된다.

독일에서는 2009년까지 농부들이 경작지의 10.5퍼센트를 바이오 에너지 식물을 키우는 데 썼으며, 그 대부분이 유채였다. 그 외 경작지는 식량용 식물을 키우거나 다른 목적에 사용해야 하기 때문에 유채를 더 키울 수가 없다. 따라서 독일이 더 많은 바이오 연료를 사용하려면 수입하는 수밖에 없다. 그러면 수출국들은 독일에 바이오에탄올을 팔기 위해 식량 대신 유채를 심을 것이고, 더 많은 경작지를 얻기 위해 브라질이나 말레이시아에 숲을 개간할 것이다. 그러면 결국 기후를 지키겠다는 처음의 취지는 엉망이 되고 만다.

먼먼 나라의 바이오케로신

뉴질랜드 항공은 "빵이냐, 연료냐?"라는 논쟁에 아예 끼고 싶어 하지 않는다. 왜냐하면 목표가 아주 높기 때문이다. 그들은 환경 보호에

앞장서는 세계 최고의 항공사가 되고 싶어 한다.

뉴질랜드 항공의 총매니저인 심스는 이렇게 말한다.

"뉴질랜드는 세계에서 제일 멀리 떨어져 있기 때문에 손실 역시 제일 큽니다."

즉, 뉴질랜드는 유럽 대륙에서 봤을 때 적도를 중심으로 지구 반대편에 있을 뿐 아니라, 가장 가까운 이웃나라 오스트레일리아까지도 세 시간 넘게 걸린다. 또 홍콩, 싱가포르, 로스앤젤레스 같은 메트로폴리탄(어떤 대도시가 중·소도시와 그 밖의 지역에 지배적인 영향을 끼쳐 통합의 중심을 이루었을 때, 그 대도시와 주변 지역 전체를 이르는 말)까지는 꼬박 열두 시간이 걸린다. 게다가 연간 뉴질랜드를 방문하는 관광객 250만 명은 오직 제트기를 타고 들어온다. 관광 산업은 뉴질랜드 경제를 지탱해 주는 대들보 중 하나다. 이때 런던에서 로스앤젤레스나 홍콩을 경유해 뉴질랜드의 수도 오클랜드까지 왕복 비행을 하는 승객들은 1인당 4.5톤의 이산화탄소를 공기 중으로 내뿜는다.

그런데 이제 화석 연료가 아닌, 식물에서 뽑은 바이오케로신(식물성 등유)으로 비행기를 띄울 수 있게 되었다. "그러나 뉴질랜드 항공은 이 연료를 어느 식물로부터 생산해 낼 것인가 하는 문제로 고심하고 있습니다."라고 심스는 강조한다. 바이오케로신은 석유에서 뽑은 등유보다 비싸서도 안 되고, 식량이 될 식물과 경쟁해서도 안 되기 때문이다.

그 결과, 인도와 아프리카의 일부 건조한 지역에서 목초지 둘레에 울타리 대용으로 흔히 심는 2, 3미터 높이의 관목인 자트로파가 선택되었다. 자트로파 나무의 씨앗은 1센티미터 크기에 절반이 기름 성분이며 독성이 강해 먹을 수는 없다. 이 관목은 식량 재배가 힘든 건조한 땅에서도 잘 자라기 때문에 식량이냐, 연료냐를 따질 필요가 없다. 따라서 자트로파 기름으로 시험 비행을 하는 데 문제 될 것은 전혀 없다.

2008년 12월 30일, 뉴질랜드 항공의 점보제트기가 오클랜드 공항에서 이륙했다. 이 항공기의 모터는 자트로파 기름과 등유를 섞은 혼합물을 연료로 했다. 혼합물은 영하 47도까지 액체 상태로 있기 때문에 보통 점보제트기가 나는, 얼음처럼 차가운 1만 2,000~1만 3,000미터 상공에서도 사용될 수 있다. 시험 비행은 멋지게 성공했다. 수석 기장 데이비드 모건은 두 시간 동안 비행하면서, 기존의 등유로 작동되는 모터 세 개와, 자트로파 혼합액으로 작동되는 터빈 사이에 아무런 차이점도 느끼지 못했다고 한다. 심슨 또한 기존의 등유와 차이점이 있는지에 대한 질문에 고개를 저었다.

"비행이 끝나고 모터를 분해해 봤는데 보통의 등유 모터와 똑같았습니다."

따라서 자트로파 혼합액은 기술적인 면에서도 원유에서 뽑은 등유와 동등한 효과를 보인다.

그럼에도 불구하고 심슨과 동료들은 자트로파가 모든 동력 문

자트로파 씨앗은 바이오디젤(중유) 또는 바이오케로신(등유)으로 바뀔 수 있다.

제에 완벽한 해답이 될 수는 없다고 생각한다. 어쨌거나 자트로파 씨앗을 아프리카나 인도 동부로부터 뉴질랜드로 수송하는 데 결국 또 에너지가 들기 때문이다. 그렇다면 뉴질랜드에서 직접 재배하는 것은 어떨까? 이는 고려의 여지가 없다. 뉴질랜드 항공이 보유한 100여 대의 비행기들은 연간 900만에서 1,000만 배럴의 연료를 소모한다. 그리고 1년 동안 자트로파 기름 1,000만 배럴을 얻으려면 땅 2만 5,000제곱킬로미터가 필요하다. 다시 말해 비행기의 연료를 충당하기 위해서 전 국토의 10퍼센트를 오직 자트로파 재배지로 만들어야 한다는 결론이 나온다. 하지만 뉴질랜드 사람들은 항공기 연료를 위해 국립공원과 양들을 위한 목초지, 와인 농장 등을 희생하고 싶어 하지 않는다.

다행히도 뉴질랜드 사람들은 그들다운 개척자 정신으로 이미 대체 연료를 찾아냈다. 뉴질랜드 남섬에서는 블렌하임과 크라이스트처치 시에서 나온 폐수로 해조류를 키운다. 이 해조류가 앞으로는 뉴질랜드 항공사에 녹색 연료를 제공할 예정이다. 그러나 이 녹색 연료는 비행기에 실리기 전에 우선 물에서 꺼내 말려야 한다. 이 때문에 뭍에서 수확하는 에너지 식물에 비해 제조 과정이 더 복잡하고 더 비싸다.

이런 이유로 브레멘 야콥스 대학의 로렌츠 톰슨과 그의 동료들은 저렴한 방법으로 해조류에서 바이오 연료와 항공기 연료를 얻는 방법을 모색 중이다. 이 연구는 충분히 가치 있다. 바닷물과 햇빛만 있으면 연료 탱크를 어디에나 세울 수 있다. 다시 말해 경작이 불가

뉴질랜드 항공은 전 세계에서 가장 친환경적으로
비행해야만 하는 이유가 있다.

능한 바닷가 불모지도 가능한 것이다.

게다가 바다 식물은 육지 식물에 비해 성장 속도가 어마어마하게 빠르다. 해조류의 세포는 하루에 한 번 내지 두 번씩 분열하기 때문에 24시간 만에 바이오매스를 몇 곱절이나 늘릴 수 있다. 또 녹색 해조류는 합성 에너지 물질을 만들기에도 적합하다. 식물을 수확해서 말린 후 기름을 추출하는 대신 식물 전체를 사용할 수 있다.

로렌츠 톰슨은 이에 대해 이렇게 설명했다.

"이 과정에서 바이오매스를 각각의 탄소 분자로 분해한 뒤, 새로 조합하지요."

하지만 그러기 위해서는 일단 식물을 가능한 한 작은 알갱이 형태로 압착해야 한다. 단세포 바다 식물은 이미 작기 때문에 이 작업은 매우 쉽게 이루어진다.

해조 연료가 개발될 때까지 뉴질랜드 항공은 화석 연료에서 나오는 항공유를 최대한 아끼고 있다. 예를 들어 기내 잡지를 의자 등받이 주머니에 한 권씩 꽂아 두는 대신, 좌석에 달린 모니터로 보여 준다. 이렇게 하면 중량이 75킬로그램 감소해서 비행기 연료를 조금이라도 절약할 수 있기 때문이다.

또 보유 대수 절반 정도에 설치된 전기 건조기는 객실 내벽과 기체 겉판 사이의 공간에 있는 습기를 200킬로그램씩 제거해 바깥으로 내보내는 역할을 한다. 이렇게 하면 제트기의 총 무게가 줄어들기 때문에 항공사는 연간 항공유 189만 리터를, 그리고 대기는 이산화탄소 4,700톤을 줄일 수 있다. 또 뉴질랜드 항공은 보잉 767기의 주 날개 끝에 3.4미터 높이의 윙렛, 즉 보조 날개를 장착함으로써, 이산화탄소를 연간 1만 6,000톤 줄일 수 있다고 한다. 위를 향해 뻗어 있는 이 보조 날개가 공기 저항력을 줄여 주기 때문에 비행마다 항공유 1,600리터를 절약할 수 있는 것이다.

총매니저 심스는 또 이렇게 말한다.

"우리는 착륙 방법을 바꿈으로써 노선마다 연료를 1,000리터씩 아낍니다."

다른 제트기들처럼 20분에 걸쳐 서서히 고도를 낮추는 것과는 달리 뉴질랜드 비행기들은 활주로까지 10분 만에 내려온다. 이렇게 함으로써 비행기가 공기 저항이 적은 높은 상공을 나는 시간이 길어지는 만큼 연료도 적게 쓴다는 것이다.

아울러 뉴질랜드 항공은 런던에서 뉴질랜드까지 왕복하는 승객 한 명이 배출하는 4.5톤의 이산화탄소에 대해 자발적으로 보상 성금을 기부할 수 있도록 했다. 거둬들인 성금은 뉴질랜드의 풍력 발전소 같은 곳에 기부하고 있다.

거대한 기둥이 연료를 절약한다

몇몇 선박 회사는 친환경적으로 운항하기 위해 완전히 새로운 아이디어들을 따르고 있다. 특히 그중에서도 바람을 제2의 모터로 사용하는 방법을 고려 중이다. 그러기 위해서는 전통적인 방법에 따라 돛이나 더 간편한 금속 포일을 사용할 수 있다. 또는 보기엔 좀 희한하겠지만 거대한 연을 달아 배를 끄는 방법도 있다. 이따금 대서양을 오가는 배의 선장들은 선미와 후미에 각각 25미터 높이의 거대한 원기둥이 있는, 길이가 130미터나 되는 대형 선박을 발견하곤 깜짝 놀라 눈을 비비곤 한다. 이 거대한 구조물은 실제로 선박 연료인 중유와 온실가스를 줄이는 데 도움을 주고 있다.

이 장치에 대한 초안은 이미 1852년 베를린에서 물리학자 하인리히 구스타프 마그누스가 작성했다. 이 과학자는 회전하는 총알이나 골프공은 회전하지 않는 물체가 날아가는 항로에서 이탈한다는 사실을 발견했다. 축구 선수들은 이 현상을 '바나나킥'이라는 개념에서 이미 터득하고 있다. 즉 선수가 발의 측면으로 공을 차면 공은 회전하면서 직선으로 날지 않고 휘어지며 날아간다.

1920년대에 헤센 출신의 엔지니어 안톤 플레트너는 '마그누스 현상'이라 불리는 이 원리를 이용해 배의 모터를 개발하려고 시도했다. 그는 갑판에 금속 기둥을 세우고 모터를 장착해 기둥이 회전하도록 했다. 이 기둥에 바람이 스치면 '마그누스 효과'에 의해 배는 바람 방향의 오른쪽 모서리로 유인된다. '플래트너 로터'라 불리는 이 금속 기둥은 바람이 측면에서 불 때만 배를 전진시킨다. 만약 풍향이 바뀌면 선장은 금속 기둥의 회전 방향을 바꿔 주면 된다.

1924년과 1926년에 이 방식으로 제조된 선박들인 '부카우'와 '바바라'는 아주 성공적이었다. 하지만 결국 플래트너 동력 장치는 값싼 화석 연료를 사용하는 선박들에 밀려났다. 원래 플래트너 선박들이 대체하려고 했던 돛단배와 함께, 이 배들은 순식간에 바다 위에서 사라졌다.

그러나 풍력 발전 시설을 만드는 에네르콘 사는 독일 북부 아우리히에서 이 방식을 다시 시도했다. 에네르콘은 2010년에 킬과 엠덴에서 길이 130미터인 첫 번째 선박을 선보였다. 이 배에는 지름 4미터, 높이 27미터의 금속 기둥 4개가 설치되었다. 하지만 에네르콘 사는 바람에만 의존하지 않고, 기존 동력에 디젤 모터 9개를 추가로 달았다. 이 선박은 에네르콘 사의 소유로서, 브라질과 독일, 앞으로 건설 예정인 캐나다 등지의 풍력 발전소에 풍력 에너지 설비나 완성품을 실어 나르게 된다. 이 배의 선장은 운항 도중 실제로 화석 연료를 하루 평균 얼마나 절약할 수 있는지 시험하고 있다.

베를린 공과 대학의 해양 기술학과 곤잘로 탐피어 교수는 항해할 때 바람이 얼마나 도움을 주는지 수치화하기 위해, 컴퓨터 시뮬레이션 프로그램으로 다양한 범선을 비교해 보았다. 이에 따르면, 바람은 배가 16노트 이하의 속도로 아주 천천히 전진할 때, 추가적인 동력 역할을 할 수 있으며, 범선은 에너지를 최고 44퍼센트까지 절약할 수 있다. 따라서 범선은 남반구 오스트레일리아로부터 유럽 어느 나

이처럼 바다에 떠 있는 기둥들이 미래의 친환경 범선이 될 수 있다.

라에 곡식이나 석탄을 수송하는 대형 화물선 같은 용도로 매우 적합하다. 반면 빠르게 여행객과 짐을 날라야 하는 여객선에서는 거의 제 역할을 할 수가 없다.

2008년까지 베를린 공과 대학의 해양기술학과 학과장을 지낸 귄터 클라우스는 해양 수송을 위해 신기술을 개발하느라 엄청나게 노력할 필요도 없이, 간단한 방법으로 많은 에너지와 비용을 줄일 수 있다고 말한다.

"빠른 배들이 그저 속도를 좀 더 줄이면 됩니다!"

물리학 법칙에 따르면, 배의 연료 소모량은 속력의 세제곱만큼 증가한다. 다시 말해 만약 배가 속력을 두 배로 높이려면 이에 대해 연료는 여덟 배나 소모된다는 뜻이다. 그러면 선박용 중유 사용량과 대기 오염도 그만큼 극심하게 증가한다.

한 관계자에 따르면, 요즘 선박들이 훨씬 더 편안한 운항을 할 수 있다고 한다. 동아시아와 유럽을 오가는 빠른 컨테이너 선박이 시간당 46킬로미터로 달릴 경우 대개 바다에서 41일, 항구에서 17일, 총 58일을 보내게 된다.

그런데 같은 배가 속도를 12퍼센트만 줄여 시간당 40킬로미터로 달리면 연료를 25퍼센트 아낄 수 있다. 반면 시간적인 손실은 크지 않다. 속도를 늦춘 선박은 총 58일 대신 63일 동안 바다와 항구에 머물게 된다. 다시 말해 연료 비용은 25퍼센트 절약되는 반면, 시간 손실은 겨우 9퍼센트에 불과하다. 그렇다면 한번 실천해 볼 만하지 않은가?

251 249 247 245 243 241 239 237 235 233 231 229 227 225 223 221 219 217 215 213 211 209 207 205 203 201 199 197 195 193 191 189 187 185 183 181 179 177 175 173 171

8장

멋진 아이디어로 재탄생되는 미래라는 요리

재료

초원, 늪지대, 철분 비료, 임야, 그 밖의 여러 양념들

조리 시간

몇 년

조리 방법

훌륭한 요리사는 자기가 가진 재료에 맞게 요리를 한다. 주로 조상 대대로 내려오는 전통 비법을 사용하는데, 에너지를 절약하기에도 좋다. 한결 더워진 날씨를 맞아, 너무 칼로리가 높은 전통 요리법 대신 완전히 새롭고 더 맛있는 요리를 만들어 내기도 한다.

인류는 기후를 위해 갖가지 대책을 세우고 기술 발전을 이루어 왔지만, 앞으로도 계속 대기 중으로 이산화탄소를 비롯한 각종 온실가스를 내뿜게 될 것이다. 무슨 수를 써서라도 온실가스를 되가져 올 수 있다면 얼마나 좋을까. 이를 위한 아주 간단한 방법이 있다.

론 매리엇은 뉴질랜드 남섬 최북단에 관광객을 위한 양 농장 640헥타르를 가지고 있었다. 관광객 대부분이 유럽에서 비행기를 타고 날아오기 때문에, 그들로 인해 발생한 이산화탄소의 양은 중형차로 2만 4,000킬로미터를 달렸을 때 나오는 이산화탄소 양과 맞먹었다.

론 매리엇은 가까운 숲에서 가져온 작은 나무를 노는땅에 옮겨 심었다. 시간이 지나 그곳에 자연림이 생성되면, 희귀한 노란눈펭귄(세계에서 가장 희귀한 펭귄이다. 단독 생활을 즐기며 특이하게 숲에 서식한다.) 같은 동물들이 보금자리를 틀 것이다. 새롭게 조성된 1헥타르의 숲이 1년 동안 빨아들이는 이산화탄소 양은 5톤에 이른다. 이렇듯 숲을 만들면 기후 변화를 멈출 수 있다.

이 사실이 전 세계에 '탄소 배출권 거래제'라는 것을 탄생하게 했다. 즉 기업들이 자신들이 내보낸 이산화탄소를 도로 흡수할 숲을 조성하는 비용을 지불하는 것이다. 론 매리엇의 땅이 온실가스를 흡수하기 시작하자, 농장은 기후 인증서를 발급해 이전에 양으로 벌어들이던 수익보다 더 많은 수익을 올리고 있다. 이곳을 방문한 관광객들도 현장에서 숲을 빌릴 수 있다. 관광객들이 지불하는 70유로는 자신이 비행기로 이동하면서 내보낸 이산화탄소 4.5톤에 대한 보상인 셈이다. 세계 다른 곳에서도 환경 운동가들은 자연 경관을 변화시켜

뉴질랜드 사람 론 매리엇은 새로운 밀림을 만듦으로써 기후와 노란눈펭귄에게 도움을 주고 있다.

기후 변화를 막아 보려고 노력 중이다. 이들은 황폐해진 밀림에 다시 나무를 심거나 말라 버린 늪지대에 다시 물을 대어 이따금은 자연을 원래 상태로까지 되돌린다.

습지가 기후 변화를 멈춘다

이처럼 자연 경관이 변화하면 공기 중의 이산화탄소를 더 많이 흡수하고, 이탄 습지처럼 온실가스를 줄이기도 한다. 그런데 습지에 당근을 재배하면 기후에 끔찍한 악영향을 끼친다. 농부들은 당근 씨앗을 습지에 뿌리길 좋아한다. 왜냐하면 습지는 물을 대기도 쉽고, 부드러운 땅에서 곧게 자란 당근이 딱딱한 돌이 많은 밭에서 자라 휘어진 당근보다 상품 가치가 높기 때문이다. 또 습지는 물기가 많아 가뭄에도 유리하고 물이 빠진 습지의 제일 바깥층에 있는 이탄토가 빨리 분해되면서 채소에 많은 영양분을 공급한다. 하지만 뮌헨 공과 대학의 마티아스 드뢰슬러는 바로 이 점이 지구 온난화와 밀접한 관계가 있다고 생각한다. 이탄토가 분해될 때 특히 많은 이산화탄소가 발생하기 때문이다.

물론 독일은 습지에 조성되어 있는 밭이나 목초지 비율이 8퍼센트밖에 되지 않는다. 하지만 이 얼마 안 되는 땅이 당근이나 감자, 목초를 생산할 뿐 아니라, 독일 농부들이 책임져야 하는 온실가스를 40퍼센트 발생시킨다. 이는 독일에서 인간이 만들어 내는 온실가스의 4.5퍼센트에 해당한다. 브라운슈바이크의 요한 하인리히 폰 튀넨 국립 연구소의 아네테 프라이바우어는 다시 말해 매년 독일의 습지에서 발생하는 온실가스는 이산화탄소 4,100만 톤이 기후에 끼치는 영향과 맞먹는다고 설명한다. 이처럼 습지는 독일이 지구 온난화에 일조하는 항목 중에 상당히 큰 부분을 차지한다.

원래 자연 습지는 이산화탄소 저장고이다. 일반적으로 습지의 물은 표면에서 2~3센티미터 아래에 있다. 식물이 죽으면 대부분 금세 물속에 잠긴다. 물속에는 박테리아들이 죽은 식물을 분해할 때 필요한 산소가 충분하지 않기 때문에 식물의 잔해는 썩어 없어지는 대신 천천히 이탄토로 바뀐다. 이때 습지는 공기로부터 이산화탄소를 흡수해 오랫동안 단단히 저장해 둔다. 하지만 땅이 메마르면 상황은 달라진다. 수위가 내려가고 넓고 마른 땅이 드러나면서 산소와 닿는 면적이 크게 늘어난다. 그러면 박테리아가 활성화되어 땅에 묻혀 있던 식물의 잔해를 쉽게 소화한다. 바로 이때 이산화탄소가 다량으로 발생하는 것이다.

자연 습지에서 자라는 이끼들은 대기 중 이산화탄소 일부를 도로 흡수한다. 그리고 햇빛으로 광합성을 해서 이산화탄소를 줄기와 잎을 위한 양분으로 바꾼다. 그러나 가뭄이 오래 지속되면 이끼는 스트레스를 받아 거의 자라지 않고 이산화탄소도 거의 흡수하지 않는다. 핀란드 학자들이 측정한 결과, 자연 습지는 단 한 번의 가뭄만으로도 5년 동안 저장해 두었던 이산화탄소를 대기 중으로 내뱉는다고 한다.

하지만 습지가 본격적인 이산화탄소 배출지가 된 것은 인간이 끼어들면서부터이다. 사람은 석탄의 일종인 이탄토를 캐서 집을 난방하는 데 썼다. 이탄토는 불타면서 곧바로 품고 있던 이산화탄소를 내보낸다. 또 습지의 물기를 빼서 밭이나 목초지로 일구면 습지 바닥이 드러남으로써 본격적으로 이산화탄소를 배출하게 된다.

하지만 습지에 무엇을 심느냐에 따라 차이가 있다. 농부가 습지의 물을 빼고 가축에게 먹일 풀을 심는다면 해마다 1헥타르당 2톤 내지 8톤의 이산화탄소가 나온다. 반면 이곳에 밭을 일구면 1헥타르당 4톤 내지 16.5톤 그러니까 목초지의 두 배나 되는 이산화탄소가 나온다.

따라서 습지 밭을 목초지로 바꾸기만 해도 기후 보호에 조금은 도움을 주는 셈이다. 물론 밭이나 목초지로 바뀐 습지에 다시 물을 공급하는 것이 훨씬 더 낫다. 다만 수위를 지표면에서 10센티미터 아래로 유지해야 한다. 수위가 더 높으면 땅의 유기체들이 산소 없이 식물 잔해를 메탄가스로 바꿔 놓을 것이다. 메탄 분자 하나는 이산화탄소 분자 하나보다 스무 배나 더 기온을 상승시키는 온실가스이다. 반면 수위가 10센티미터보다 낮으면 지표면 아래에서 메탄이 부글거리게 된다. 그러나 지표면으로부터 10센티미터까지는 산소가 많기 때문에 메탄이 이산화탄소로 바뀐다. 그리고 그 이산화탄소의 대부분은 다시 자라나는 이끼에 흡수된다. 이렇게 해서 습지는 다시 밭이나 목초지로 바뀌기 이전의 상태, 즉 자연적인 이산화탄소 저장고로 돌아갈 수 있다.

위험한 신기술

사람이 개발했던 자연을 원래대로 되돌리면 지구의 온실 현상을 막는 데 도움이 된다. 다른 한편에서는 신기술을 이용해 기후에 적극적으로 개입하자는 의견도 있다. 그러나 이 의견에 대해서는 많은 전문가들이 거부한다.

해양학 라이프치히 연구소의 M. 라티프는 "그런 대응 방식은 너무 위험하다."고 말했다.

알프레드 베게너 연구소의 라이너 게르손데 역시 마찬가지 입장이다. 두 연구가는 입을 모아 오스트레일리아와 뉴질랜드에 토끼를 들여왔다가 완전히 실패한 사례를 예로 든다. 유럽 사람들은 오스트레일리아와 뉴질랜드를 정복하는 과정에서, 저마다 자기 나라 토끼를 들여와 풀어 놓았다. 물론 이곳의 자연환경이 토끼에게 맞지 않을 수도 있다는 생각은 꿈에도 하지 못했다. 천적이 없는 섬에서 토끼는 순식간에 불어났고 막대한 피해를 주기 시작했다. 결국 뉴질랜드는 피해를 막기 위해, 토끼를 사냥하는 천적 담비를 섬으로 들여왔다. 담비는 털이 부드럽고 고와서 모피상에게도 인기가 많았기 때문이다. 실제로 뉴질랜드에서는 아직도 담비 사냥으로 생계를 잇는 이들이 있다.

하지만 토끼 수는 줄지 않았다. 왜냐하면 담비가 토끼보다 사냥하기 쉬운 먹잇감을 발견해 버렸기 때문이다. 담비가 토종 새의 알을 훔쳐 먹는 바람에 오히려 몇몇 희귀한 새들이 멸종해 버렸다.

이렇듯 원래는 좋은 취지로 들여온 담비가 생태계에 치명적인

수입 토끼들은 호주와 뉴질랜드의 국가적인 골칫거리가 되었다. 토끼 증식을 막으려고 세운 대책은 오히려 부작용이 더 컸다. 학자들은 기후 변화를 막는 기술적인 대응책도 이와 비슷할 것이라고 말한다.

피해를 입히고 말았고, 뉴질랜드는 담비 퇴치를 위해 아직도 돈키호테처럼 전쟁을 치르는 중이다. 라이너 게르손데와 모지프 라티프는 편의에 맞춰 기후를 과학으로 조절한다면 이와 비슷한 위험이 따를 것이라고 경고한다.

한때 특정 바다에 철화합물을 거름으로 쏟아붓자고 제안한 사례가 있었다. 철을 섭취한 해조류가 빠르게 성장할 거라는 생각 때문이었다. 이 계획은 빙하기에 남극해에서 일어났던 현상을 토대로 한 것이었다.

빙하기 당시, 바닷물이 꽁꽁 얼어붙는 바람에 증발량이 줄었고 그 때문에 육지에는 비가 거의 내리지 않았다. 그로 인해 육지에 사막이 많아지면서, 회오리바람이 일어날 때 사막 먼지가 함께 딸려 올라가 바다로 날아갔다. 당시 추운 겨울에는 남극해에 아시아 대륙만한 4,000만 제곱킬로미터의 얼음이 얼곤 했다. 이 빙하 위에 쇳가루를 포함한 사막 먼지가 하염없이 떨어졌다.

그런데 봄이 되어 얼음이 녹으면서 쇳가루가 섞인 모래 먼지가 바다로 들어갔고, 그 바람에 규조류의 일종인 키토세라스가 철분을 다량 섭취하게 되었다. 그 덕분에 규조류가 폭발적으로 늘어나면서, 남극해는 거대한 '미역밭'이 되었다. 그런데 해조류는 번식하는 과정에서 물속에 분해되어 있는 이산화탄소로부터 다량의 탄소를 빨아들인다. 그리고 해조류가 죽으면 이산화탄소를 빨아들인 채 천천히 바닷속으로 가라앉는다. 바다의 이산화탄소 양은 늘 대기로부터 보충되기 때문에 이 작은 규조류가 상당히 많은 이산화탄소를 가져가는 셈이다.

그러나 오늘날 철화합물을 바닷속에 쏟아붓는다고 해서 같은 일이 일어날지는 의문이다. 우선 오늘날의 태평양은 빙하기 때보다 온도가 훨씬 높기 때문에 그때와는 다른 유기체들이 살고 있다. 그런데 이 오늘날의 유기체들은 빙하기 때의 것들보다 훨씬 더 오래 산다. 따라서 바닷속으로 가라앉기보다는 천적의 위 속으로 들어갈 확률이 더 크다. 또 설사 죽은 해조류가 이산화탄소를 깊은 심해로 끌고 들어간다 하더라도 계속 거기에 머물러 있을 거라는 보장은 없다. 왜냐하면 오늘날 바닷물은 빙하기 때처럼 안정적인 층을 이루고 있지 않기 때문이다. 다시 말해 먼 옛날 바닥으로 가라앉았던 유기체가 소용돌이로 인해 얼마든지 떠오를 수도 있다. 그러면 땅속에 묻혀 있던 이산화탄소도 금세 공기 중으로 올라오게 된다. 이런 이유로 라이너

규조류에게 비료를 주면 기후 변화를 막을 수 있을지도 모른다. 하지만 많은 학자들이 아주 위험하다는 견해를 갖고 있다.

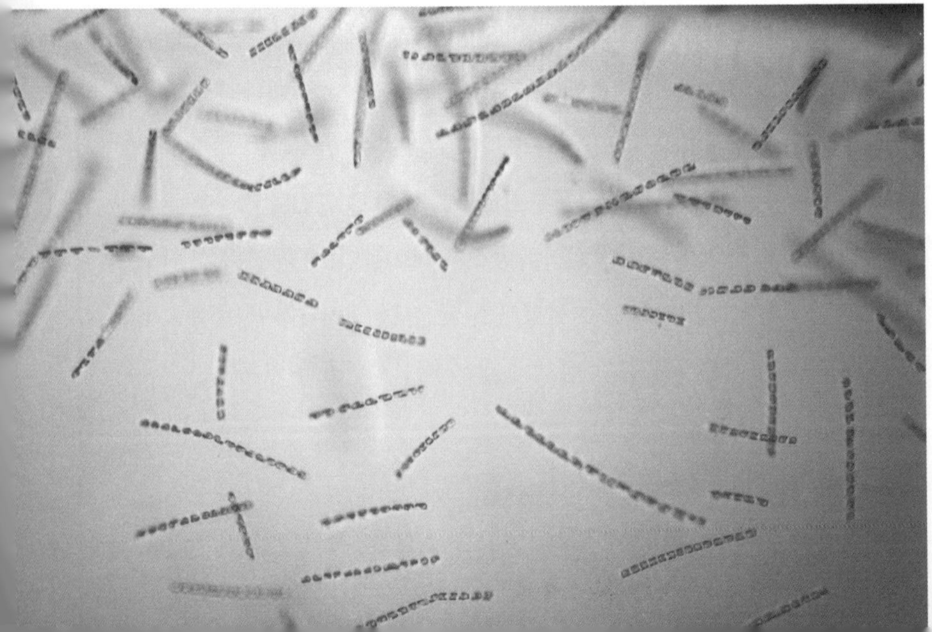

게르존데는 대량의 철화합물을 바닷속에 쏟아부어 기후 변화를 막아 보겠다는 생각을 당장 멈춰야 한다고 주장한다.

"그 일이 우리 예상대로 될지도 분명하지 않을뿐더러, 그로 인해 다른 달갑지 않은 사태가 벌어질지도 모릅니다."

게다가 실제로 철화합물로 수많은 실험을 했으나, 그다지 뚜렷한 성과를 보지 못하고 있다.

영국 옥스퍼드 대학의 제임스 러브록이 심해의 영양소가 풍부한 물을 펌프로 끌어 올리려고 했던 아이디어는 더욱 심각하다. 그는 이렇게 하면 해조류가 더 잘 성장하고, 해조류가 죽으면 이산화탄소 일부를 대기로부터 흡수한 채 바다 아래로 가라앉을 것이라고 생각했다. 그러나 500미터 깊이의 물을 바다 표면으로 끌어 올리려면 전 세계적으로 400만 대의 펌프가 필요하다. 하지만 이 방법은 엄청난 비용에 비해 공기 중 이산화탄소의 양을 줄이는 효과는 미미하다.

미국 국방성의 물리학자 로웰 우드는 지구와 태양 사이에 그늘 역할을 하는 거대한 금속 돛을 설치해 뜨거워진 지구를 식히자고 제안했다. 애리조나 대학의 천문학자 로저 에인절 역시 지구 둘레에 원반 16조 개를 띄워 햇빛의 양을 줄이자고 하였다.

그러나 모지프 라티프는 이 아이디어가 매우 위험하다고 말한다. 이런 인공 그늘이 지구 생태계에 어떤 영향을 미치게 될지 아무도 예측할 수 없기 때문이다. 게다가 물의 증발과 그로 인한 구름 형성, 강수의 형태까지 변할지 모른다.

모지프 라티프는 차라리 전통적인 방법에 가능성을 둔다.

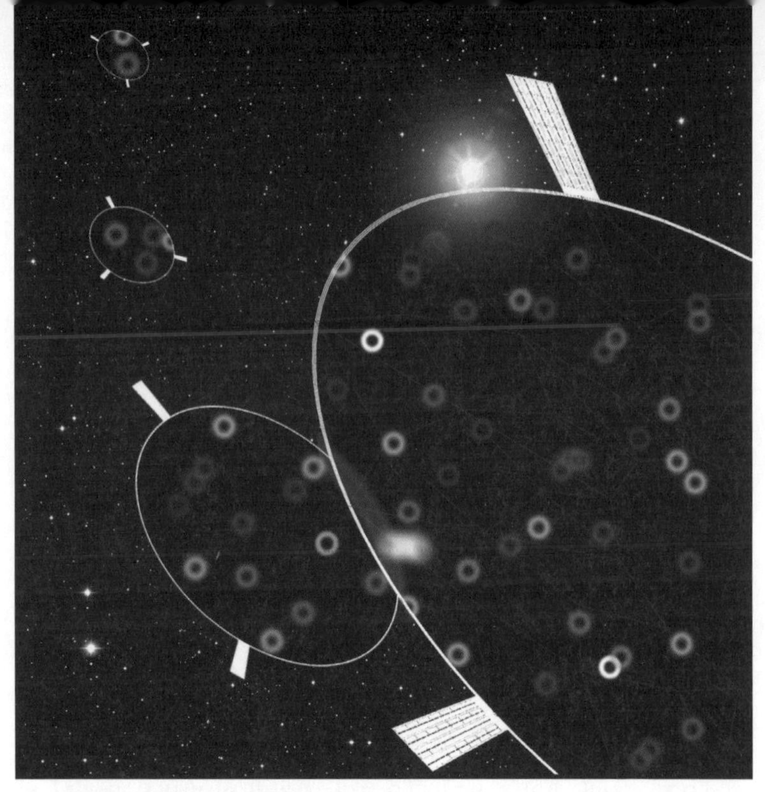

지구 둘레에 원반을 설치하면 지구를 조금이라도 식힐 수 있을까?

"우리는 문제의 근본으로 돌아가 최대한 온실가스를 적게 발생시키는 방법에 초점을 두어야 합니다."

그는 에너지를 절약하는 것에서부터 재생 가능한 에너지를 사용하는 것에 이르기까지 기술적인 방법들은 지금도 이미 충분하다며, 그저 실천하기만 하면 된다고 말한다.

더위 피하기

하지만 이 모든 대응책들로도 기온 상승을 막을 순 없다. 단지 제어하고 제한할 수 있을 뿐이다. 인류는 이미 기후 변화의 일부를 '돈'과 맞바꾸었다. 어떻게든 적응해야 할 때가 온 것이다. 해수면 상승과 강의 범람에 대비하기 위해 둑을 더 높이고 댐을 짓는다. 반대로 비가 적게 오면 식수를 절약해야 한다. 또 여름이 지금보다 더 더워지면 생활 방식을 바꿔야 한다.

2003년 8월 첫째 주와 둘째 주 사이에 바덴뷔르템베르크에서는 예년보다 사망자 수가 1,100명이나 더 늘었다. 같은 기간에 프랑스 보건당국은 심지어 폭염으로 인해 사망자가 1만 5,000명이나 늘었다고 발표했다. 1540년 이래 최고 기온을 기록했던 2003년 여름은 중부와 서부 유럽에서 일어났던 기후 재앙 중 최악의 사건으로 꼽힌다. 그러나 앞으로는 이런 폭염 사례가 점점 더 증가할 것이며 더 더워질 거라고 기후학자들은 경고한다.

한편 2003년 8월 폭염이 계속됐을 때, 오펜바흐의 기상 센터는 폭염이 건강에 미치는 위험을 가볍게 여기지 않았다. 기상 센터는 직원들이 평소보다 이른 아침에 출근한 뒤 제일 더운 한낮에는 시원한 곳에서 자유 시간을 가질 수 있도록 업무 시간을 조정했다. 독일과 같은 위도에 위치한 나라들은 여름에 오후 2시부터 5시까지 체감 온도가 대체로 가장 높다. 덥고 습하고 바람도 없는 날 이글이글 타오르는 태양 아래서 일하면 사람의 몸은 쉽게 지치고 만다. 해가 쨍쨍 내리쬐는 날, 다락방이나 꼭대기 층에서 창을 통해 뜨거운 햇볕을 받으며 냉방도 안 하고 있으면 최악의 경우 폭염에 의한 쇼크가 올 수 있다. 물을 많이 마시고 힘든 일은 좀 더 선선한 아침저녁에 하는 것이 위험을 줄이는 방법이다. 뜨끈뜨끈한 오븐 옆에서 일한다거나, 오랫동안 다림질을 하는 것도 역시 위험하다. 또 밖에서 일하는 건설 노동자들 역시 이른 시간에 시작해서 일찍 끝내는 것이 좋다.

에스파냐 사람들은 이미 오래전부터 이렇게 살고 있다. 그들이 더운 오후 시간에 시에스타, 즉 낮잠을 즐기는 데는 다 그럴만한 이유가 있는 것이다. 그러나 버스 기사나 응급실 담당 의사처럼 아무리 덥고 힘든 시간이라도 일을 해야 하는 직업군이 있다. 그렇다면 작업 조건을 최대한 편안하게 맞출 것을 권장한다. 한 예로 2003년 8월, 독일 기상청의 보건 전문가는 폭염에 대처하는 올바른 자세에 대한 인터뷰를 매일 최고 쉰 번까지 해야 했다. 인터뷰 중이었으니 어쩔 수 없이 정장을 차려입어야 했지만, 카메라가 비추지 않는 책상 아래에서는 발을 물 대야 속에 담그고 있었다.

국방부도 신병들에게 더운 날에는 가벼운 옷차림을 명령한다. 건설 노동자 역시 더울 때는 모자로 머리를 가리고, 사무 노동자들은 넥타이와 재킷을 벗는 것이 좋다. 그래도 더울 때는 근무 도중 이따금 더위를 식힐 휴식 시간을 갖고 냉방이 잘되는 컴퓨터실에서 잠시 한숨 돌리는 것도 좋다.

선풍기 역시 부담을 덜어 준다. 바람이 피부의 땀을 증발시켜 체온을 내려 주기 때문이다. 바깥에 있는 사람은 가능한 한 그늘에 있

기후 변화가 수은주와 수면을 상승시키면 어떤 사무실은 이런 모양새가 될지도 모른다.

어야 한다. 그러기 위해 도시를 설계하는 사람들은 인도와 도로 사이에 잎이 넓은 가로수를 심는 등 처음부터 계획적으로 그늘을 만들어야 한다. 지중해 나라들처럼 가능한 한 여름에 창문으로 햇빛이 들어오지 않도록 집을 짓는 것도 한 방법이다. 창문 밖에 빛을 차단해 주는 블라인드나 덧문을 다는 것으로 가능하다.

기후 변화는 더위만 초래하는 것이 아니라 강수의 형태도 바꿔 놓는다. 기후 전문가들은 앞으로 브란덴부르크 주(독일의 동쪽 주. 폴란드와 강을 사이에 두고 맞닿아 있다.)와 폴란드 일부에 비가 적게 내릴 것으로 예견한다. 그러나 동시에 폭우는 증가할 거라고 한다. 다시 말해 전체적으로 비가 내리는 날은 줄어들지만, 일단 먹구름이 끼었다 하면 폭우가 제대로 쏟아진다는 뜻이다. 브란덴부르크 주의 강수량은 지금도 독일 남부 오버바이에른의 절반 수준이지만, 앞으로는 더욱 줄어들어 농부들의 밭이 바싹 마를 위험에 처해 있다. 또 2002년 8월 엘베 강에 일어난 홍수처럼 천년에 한 번 있을까 말까 한 홍수가 더욱 자주 일어나게 될 것이다.

우리는 이러한 극단적인 상황에 대비해야 한다. 국가와 자치 단체들은 비 내리는 날은 적어지고 강도는 강해지는 비에 대비하기 위해 둑을 높이고 저수지 등을 더 지어야 한다. 가정에서는 빗물받이 홈통을 좀 더 큰 것으로 바꾸고 피뢰침도 더 좋은 것으로 교체해야 한다. 2007년 초여름처럼 강한 뇌우가 증가할 수 있기 때문이다. 또 앞으로 잦아질 여름 폭염 때, 전기 공급기가 고장 나는 일이 없도록 미리 신경 써야 할 것이다.

미래의 숲

2003년 8월에는 기후 변화가 나무에도 흔적을 남긴다는 사실이 증명되었다. 이 시기에 남서부 독일에서부터 튀링겐 주에 이르기까지 숲 대부분이 압도적인 노란색과 갈색으로 이루어져 있었다. 그 때문에 이곳 산림 관리인들은 매일 머리를 쥐어뜯으며 괴로워했다. 극심한 가뭄 때문에 수분을 충분히 빨아올리지 못한 나무들이 평년보다

두 달이나 먼저 나뭇잎을 떨어냈기 때문이다. 기후학자들은 그때 같은 가뭄이 앞으로 더 자주 찾아올지 모른다고 말한다. 그래서 산림 관리인들은 오래전부터 이 사태에 어떻게 대비할 것인가에 대해 고민하고 있다. 기후 변화가 닥쳐도 나무들이 제 수명을 살게 하려면 숲을 어떻게 조성해야 할까?

요즘 심었거나 자연적으로 자라난 나무들은 앞으로 80년에서 250년을 버텨야 한다. 너도밤나무와 서어나무, 참나무와 독일가문비나무, 벚나무와 오리나무, 단풍나무와 서양물푸레나무를 앞으로는 한데 뒤섞어 심어야 한다는 것이 프랑크푸르트에 소재한 자연보호협회(WWF)가 내놓은 답이다. 이렇게 여러 종의 나무를 골고루 심는 것이 한두 종만 끝없이 펼쳐진 숲보다 기후 변화를 이겨 내는 데 더 유리하다는 것이다.

게오르그 슈페르버는 기후 변화가 가져올 가뭄에 잘 버틸 수 있는 나무가 너도밤나무라고 추측한다. 바이에른 국립 공원의 전 책임자이자 오랫동안 산림청의 책임자로 지낸 그는 1998년 3월 정년 퇴직 후, WWF의 기후 증인이자 바이에른 주의 자연보호 연맹에서 숲 전문가로 활동하고 있다. 너도밤나무는 여름에 건조한 바이에른 주에서도 잘 자란다. 자주 내리는 겨울비를 땅이 저장하고, 너도밤나무가 깊이 뿌리 내리는 습성이 있어 여름에도 귀중한 수분을 빨아들일 수 있기 때문이다. 이렇게 너도밤나무는 가뭄 때에도 잎에 수분을 공급할 수 있다.

하지만 현재 독일 숲 면적의 3분의 1을 차지하는 가문비나무는 뿌리가 얕게 퍼지는 편이다. 19세기와 20세기경, 산림 관리인들은 가문비나무가 키우기 쉽고 활엽수보다 빨리 이용할 수 있어서 수지가 맞다며 닥치는 대로 심었다. 즉 떡갈나무나 너도밤나무보다 훨씬 더 빨리 수익이 났던 것이다. 하지만 수익이 큰 만큼 위험도 컸다.

2007년 1월, 폭풍 키릴이 독일 전역을 휩쓸었을 때 너도밤나무나 떡갈나무의 깊은 뿌리는 어마어마한 바람의 압력에도 끄떡없이 견뎌 냈다. 반면 뿌리가 얕게 퍼지는 가문비나무는 폭풍에 불리했다. 만약 기후 변화가 강한 폭풍을 몰고 온다면 가문비나무는 금세 사라지고 말 것이다. 게다가 추운 지방에서 잘 자라는 가문비나무의 특성상, 기온이 오르면 잘 견뎌 내지 못할 것이다. 반면 예전 독일에서 성탄절 나무로 쓰였던 독일가문비나무는 기후 변화에도 잘 견딜 것으로 보인다. 독일가문비나무는 지중해 주변에서 여전히 많이 자라며 따뜻한 온도에 익숙하다. 또 깊은 뿌리를 뻗어 뾰족한 잎까지 수분을 공급하기 때문에 메마른 여름에도 끄떡없다.

하지만 중요한 건 어떤 나무가 새로운 기후를 더 잘 견뎌 내느냐가 아니다. 왜냐하면 숲이 어떻게 구성되는가에 따라 물 부족, 화재 위험 같은 여러 가지 문제들에 큰 영향을 주기 때문이다.

요한 하인리히 폰 튀넨 연구소의 학자들은 실험의 일환으로 흙을 채운 주머니 여러 개에 나무를 한 그루씩 심었다. 뚱뚱한 어른의 상체를 감쌀 만큼 큰 주머니 화분에서 자란 나무들이 얼마나 물을 증

기후 변화로 인해, 독일 동부의 숲에 자주 불이 난다.

발시키고 또 얼마나 땅속으로 흘려보내는지를 측정하기 위해서였다. 그 결과 그들은 20년에서 50년 자란 소나무가 빨아들인 물 대부분을 공기 중으로 증발시킨다는 것을 알았다. 반면 가문비나무는 연간 강수량의 20퍼센트 이상을 땅속으로 스며들게 해서 지하수를 보충해준다. 이 실험 결과를 놓고 볼 때 요즘의 브란덴부르크 주처럼 비가 적게 오는 건조한 지역에서는 앞으로 활엽수와 여러 종의 나무가 섞여 있는 혼합림을 조성해야 한다.

현재 브란덴부르크 주의 메마른 소나무 숲은 지하수 형성에 지장을 줄 뿐만 아니라 화재 위험도 높다. 독일에서 일어나는 산불 중 3분의 1이 이 연방주에서 발생했다. 그래서 2006년부터 주 산림 행정부는 이 지역 전역에 화재 감시 전문 카메라를 통한 경고 시스템을 설치하기 시작했다. 전화용 전신주나 그 외 다른 높은 구조물에 디지털 카메라를 100대 이상 설치해서 주변에 연기가 나는지 감시하고 컴퓨터가 특수 소프트웨어로 촬영 사진을 분석한다. 이때 화재의 징후를 발견하면 컴퓨터는 촬영한 사진을 주연방의 산불 센터 열한 곳 중 한 곳으로 보내 화재 진압 팀이 출동할 수 있도록 한다. 그 성과는 괄목할 만하다. 1990년대까지 브란덴부르크 주에서는 1년에 최고 8제곱킬로미터의 숲이 불길에 휩싸이곤 했다. 반면 새 시스템이 도입된 후 4년 동안은 0.1제곱킬로미터 이상 산불이 번진 적이 없었다. 앞으로 더 따뜻하고 건조해질 미래에 이런 경고 시스템은 삶을 좀 더 안전하게 만들어 줄 것이다.

나무 그늘에서 농사를

여름에 동부 독일이 더 건조해지면 농업도 한계에 부딪히게 될 것이다. 이를 위해 개발된 새로운 농업 방식이 '혼농임업'(임업을 겸한 농업)이다. 이 방법은 브란덴부르크 공과 대학 학자들이 이미 실험으로 효과를 증명해 보였다. 우선 경작할 땅에 24미터 간격으로 나무를 심는다. 나무는 한 그루당 6미터씩 자리가 필요하므로, 나머지 18미터의 땅에 밀과 옥수수 또는 다른 곡식을 심는다.

숲을 거닐어 본 사람이라면, 나무 그늘 아래의 흙이 좀 더 촉촉하다는 것을 알 수 있을 것이다. 실험 결과, 혼농임업 방식의 식물들은 나무 가까이에 있을수록 가뭄을 더 잘 견딘다. 이 시스템을 좀 더 개선하기 위해 학자들은 나무 사이 간격을 12미터로 좁혀 보았다. 이렇게 하면 그늘이 더 많이 생겨서 땅은 더 오래 촉촉해진다. 최고의 그늘을 만들어 주는 식물은 아카시아로, 농부들은 이 나무 덕분에 3년에 한 번씩 수확할 수 있다. 또 아카시아는 기후 변화를 막는 데 도움이 되는 바이오매스로 이용된다.

하지만 기후 변화는 여전히 여러 나라의 농업에 심각한 위험이 될 것이다. 2100년경이면 이미 인류의 절반이 식량 부족에 시달리게 될지도 모른다. 특히 세계적으로 열대와 아열대 지역의 평균 기온이 올라가는 현상은 상상치 못할 비극을 불러올 수 있다. 20세기 이후로 가장 높은 기온을 기록하게 될 것이며, 2003년처럼 단발적으로 나타났던 폭염이 앞으로는 더욱 자주 일어날 전망이다.

가뭄이 들어도 나무 그늘에서는 농작물이 잘 자란다.

2003년 폭염 때 프랑스에서는 지난해에 비해 옥수수는 30퍼센트, 과일은 25퍼센트, 밀은 21퍼센트까지 수확량이 줄었다. 이탈리아에서는 옥수수 수확량이 36퍼센트나 감소했다. 독일은 곡류 수확량이 평균보다 13퍼센트 줄었고 그중에서도 브란덴부르크 주는 40퍼센트 넘게 떨어졌다. 이것만으로도 하늘이 원망스럽고 경제적으로도 큰 타격을 받게 된다. 그러나 가난한 나라들에서는 흉년이 곧장 기아로 이어질 수 있다. 사하라 남쪽 사헬 지역에 사는 사람들은 1960년대 후반과 1990년대 초반 사이에 하늘이 준 배고픔을 반복해서 경험했다.

이런 재앙을 줄이려면 전 세계가 좀 더 나은 관개 시스템과, 더위와 가뭄을 잘 견디는 새로운 식물 종을 찾아내야 한다. 이 미래의 식물 중 몇몇은 이미 오래전부터 알려진 종일 수도 있다. 밀을 키울 물이 부족하면 농부들은 더 손쉬운 식물, 예를 들면 기장 따위로 바꾸면 된다. 이것은 아프리카뿐만 아니라 날이 갈수록 가물어지는 브란덴부르크 주에서도 마찬가지이다. 기장은 바이오 가스 시설에서 에너지 공급원으로 사용될 수도 있다.

지중해 지역에서 자라는 듀럼 밀(파스타 면을 만드는 데 주로 쓰는 밀의 한 종류)도 앞으로는 중부 유럽의 농부들에게 사랑받게 될 것이다. 가물고 뜨거운 여름을 좋아하는 듀럼 밀이 가뭄으로 황폐해진 지역에서 기존의 밀을 대체하는 곡물이 될 수 있기 때문이다.

더 뜨거워지는 지중해 해안

하지만 막상 지중해 지역의 나라들은 중부 유럽보다 더위와 가뭄에 훨씬 더 힘들어질 것이다. 지중해는 1950년부터 2000년까지 물 소비량이 배 이상 증가했다. 그러나 기후 변화가 계속되면 지금도 건조한 이 지역의 강수량은 더욱 떨어지게 될 것이며, 이로 인해 지하수 양도 줄어들 것이다. 게다가 2025년까지 몇몇 지역의 기온이 5도 정도 상승할 것이다. 이러면 당연히 더운 날이 늘어나고, 그로 인해 저수지와 숲에서도 수분이 증발하면서 물 문제가 더욱 심각해질 것이다.

따라서 지중해 나라들은 물을 절약해야 한다. 특히 귀중한 물의 3분의 2를 농업용수로 써야 하는 밭과 비닐하우스에서 물을 더 절약해야 한다. 이제까지 농부들이 보편적으로 사용한 것은 스프링클러 방식이었다. 하지만 물줄기가 허공을 가르는 대신, 식물의 뿌리에 직접 물을 주는 방식으로 바꾸면 물 사용량을 30~40퍼센트 줄이면서도 괜찮은 수확을 거둘 수 있다.

에스파냐에서만 3만 6,000제곱킬로미터, 즉 바덴뷔르템베르크주 크기만 한 땅에 물을 대 줘야 하기 때문에 귀중한 물을 절약할 더 나은 기술이 필요하다. 이를 위해 물이 특히 많이 필요한 밭작물을 포기하는 것도 고려해야 한다. 옥수수나 사탕수수를 심는 땅은 여름에

올리브나무는 지중해의 뜨거운 날씨와 가뭄을 잘 견뎌 낸다.

반드시 물이 필요하다. 반면 수천 년 전부터 전통적으로 이 지역에서 자라 온 올리브와 레몬 나무들은 대개 겨울 반년 동안 내린 비만으로도 1년을 견딜 수 있다. 가끔은 옛 방식이 더 나을 때도 있다.

후식

지금까지 살펴본 것처럼 기후 문제에 대한 해결책은 여러 가지가 있다. 그러나 이를 위해서는 우리가 지금까지 익숙하게 누렸던 많은 것을 포기해야 한다. 그래도 그 불편함이 지구 온도가 더 올라가는 것보다는 낫다. 하지만 막스 프랑크 연구소에서 진화 생물학을 연구하는 만프레드 밀린스키는 기후 변화를 막을 가능성이 그리 크지 않다고 말한다.

그는 기후학을 연구하는 동료인 요헴 마트로츠케와 함께 대학생들을 상대로 컴퓨터 프로그램으로 다 함께 기후 목표를 성취할 수 있는지를 실험해 보았다. 이 실험에서 만프레드 밀린스키는 각 6명씩 30개의 조를 만들어, 이들이 기후 보호를 위해 일정 금액을 자발적으로 포기할 수 있는지 알아보고자 했다.

그 과정은 다음과 같다.

1. 학생들은 개인 계좌로 각자 40유로씩 받는다.
2. 이들은 게임을 10번 하게 되는데, 게임마다 학생들은 4, 2, 0 유로씩 기부할 수 있다. 이때 학생들은 서로 누가 얼마를 기부함에 넣는지 모르지만 게임이 끝날 때마다 기부함 속 총 금액은 공개된다.
3. 게임이 모두 끝난 후 한 팀에서 모두 모은 돈이 120유로 이상이면 기후 목표를 성취한 것이다. 이긴 팀의 학생들은 자기 계좌에 남은 잔액을 진짜 돈으로 바꿔 가질 수 있다.

게임을 하는 동안 학생들이 총 20유로씩 기부했다면, 각자의 계좌에는 20유로씩 남는다. 모두가 한 마음으로 협력할 때만 가능한 일이다.

그러나 어느 조에서 기후 목표를 달성하지 못하면 참가자들은 각자 계좌의 잔액 중 일정액이나 모두를 벌금으로 내야 한다. 이때 벌금의 비율은 10개씩 조를 묶어—각기 A, B, C 그룹이라고 하자.—다음과 같이 설정했다.

1. A 그룹이 실패하면 벌금으로 잔액 중 10퍼센트를 낸다. 이 그룹의 조원들이 돈을 전혀 기부하지 않으면, 마지막에 가질 수 있는 잔액은 36유로이다.
2. B 그룹의 벌금은 잔액의 50퍼센트다. 이 그룹의 조원들이 돈을 전혀 기부하지 않으면, 마지막에 가질 수 있는 잔액은 20유

로이다.

3. C 그룹의 벌금은 잔액의 90퍼센트로 정했다. 이 그룹의 조원들이 돈을 전혀 기부하지 않으면, 마지막에 가질 수 있는 잔액은 고작 4유로이다.

학생들 모두가 게임의 룰을 이해했다. 그렇다면 A 그룹의 경우, 기부를 적게 하면 오히려 이득이니 모두 기후 목표에 실패하는 게 일면 이해가 간다. 그런데 B 그룹에서 목표를 달성한 조마저 단 하나뿐이었다. 이것도 기가 막힌데, 만프레드를 진짜 절망하게 만든 것은 C 그룹이었다. 이 그룹이 보여 준 생각과 행동은 기후 변화를 초래한 현실 상황과 비슷했다. 결론부터 말하면 C 그룹에서 기후 목표에 도달한 조는 5개뿐이었다. 만프레드 밀린스키는 이런 결과에 대해 다음과 같이 말했다.

"그들은 목표에 도달하지 못했을 때 얻는 이익이 겨우 4유로뿐이라는 것을 알고 있었습니다. 다시 말해 학생들 각자가 20유로씩만 지불하면 목표를 달성할 수 있다는 걸 알고 있는데도 이런 결과가 나온 겁니다. 참으로 놀랍지요."

그러나 그는 왜 이 그룹의 절반이 목표 달성에 실패했는지에 대해서도 알고 있었다.

"서로 다른 사람이 돈을 냈으면 하고 바라기 때문입니다. 대다수가 같은 생각을 한다면 목표를 이룰 수 없습니다."

실제 세상도 이와 똑같다. 지구에 살고 있는 사람들 대부분은 이

기적으로 생각할 뿐만 아니라 드러내 놓고 이렇게 말한다.

"기후 보호는 당신부터 하라고요."

이렇듯 모두가 자발적으로 참여하길 바라다가는 기후 변화를 막을 수 없을 것이다. 사람들은 여럿이 다 같이 저지른 잘못에 대해선 자기 책임이 없다고 생각하는 경향이 있다. 그러나 바로 이런 태도가 우리 모두를 파멸로 이끈다. 아니면 최소한 극도로 위험한 기후 변화를 초래하거나.

사진 출처

°agroforst.de **212°**

°Air New Zealand **184°**

°ESA-AOES Medialab **83°**

°NASA **47°**

°National Oceanic and Atmospheric Administration(NOAA) **33°, 54~55°**

°University of Arizona Steward Observatory **202°**

°U.S. Geological Survey(USGS) **114~115°**

그 밖의 사진들은 commons.wikimedia.org에서 가져왔습니다.
저작권이 추가로 확인되는 사진에 대해서는 통상의 사용료를 지불하겠습니다.

찾아보기